王嘉義◎著

自序

把自己經營成好品牌

美國管理學者彼得斯說過，二十一世紀的工作生存法則就是建立個人品牌。不只是企業、產品需要建立品牌，個人也需如此。當你把自己當成品牌來經營，創造出自己名字的價值和獨一無二的身份，你就擁有了別人拿不走的東西。

那麼，什麼是個人品牌呢？

簡單地說，就是你具備的某一個特點，當這個特點在一定範圍內產生影響力，並為你帶來價值時，它就成為了品牌。

蘋果公司推出一套「iWear」紀念賈伯斯逝世兩周年套裝，包括高領黑色毛衣一件、藍色牛仔褲一條、運動鞋一雙，以及線框眼鏡一副，所有款式都和賈伯斯標誌性的打扮一模一樣。當然，賈伯斯的個人品牌遠不止這樣一身打扮，但是，當你穿這一身行頭出現在人們面前時，蘋果粉絲們第一時間就會想到你在模仿他們的偶像賈伯斯，也許你根本不認識賈伯斯，只是隨意的穿衣搭配。

這就是個人品牌的力量。

說到經營自己的個人品牌，也許有人會說：「不要搞錯，我又不是什麼大腕、大款或大師之類的人物，只是個凡夫俗子，每天上班下班，吃飯穿衣，還奢談什麼個人品牌？」

生活中許多人不就是抱著這種觀念一輩子扭轉不過來嗎？

從小到大，我們每個人都在試圖用社會的統一標準來要求自己，並努力在這個尺規上尋找自己的位置，不敢落下一步，不敢走錯一步。雖然有些人不服，每天叫囂著、哭喊著自己要與別人不同，可最後還是殊途同歸了。

受傳統觀念的影響，國人大多數缺乏個人主見和意志，喜歡聽從別人的安排並循規蹈矩。可是現在不同了，在眼球經濟、注意力經濟、自媒體時代，如果你沒有鮮明的個性特徵和品牌效應，隨時都有可能被淘汰。

個人品牌就是拒絕相同一致，崇尚標新立異。

它建構於你的特徵之上，人們從你的「品牌」中蘊含的資訊來認識你，以及你的「產品」或者「服務」能夠提供他們所尋求的價值。

美琳是我的小師妹，她常跟我說，生活在臺北很累，自己努力工作了好幾年只是個部門主管，每當看到很多學歷背景不佳的人，因為不斷跳槽，薪水四五倍於自己的時候就感覺很失敗，不知做這樣的工作是否值得。我很理解她的處境，作為一個擁有高學歷的女性，當事業發展與自己的期許嚴重不符時，總會有一種懷才不遇和潦倒的怨念。

每次她跟我吐槽的時候，我都很想送給她李欣頻說過的一段話：「有很多人設立的目標是幾年之內要升到主任，幾年之後要當上主管，然後是老闆……這些都是可以隨時被取代的身份。只要別人比你強，關係比你好，或是公司結構調整，位子就會瞬間消失。」所以，要建立自己的風格，把自己當成個人品牌來經營，創造自己名字的價值，你才能真正「奇貨可居」。

「個人品牌」是自己給自己的定位，也是對別人的「廣告」與「報價」。對於大多數仍在追求、進取的人來說，它是一次次向上攀爬的嘗試，是鞏固和維護自己身價不可缺少的護身符，不僅保值，還會升值。

十九世紀中葉，德國的農學家列比格發現，在植物生長的特定時期，常常會缺少特定的某種元素，就算增加再多的其他元素，也無法替代它的作用，甚至會背道而馳，對植物生長產生抑制作用，而一旦有了這種元素，植物就能夠快速成長。

這種元素就是「短缺元素」。

列比格還給這種元素起了另一個生動的名字，叫「不可替代」元素。

植物如此，人也是如此。

尤其是在競爭激烈的職場中，如果你做不到「不可替代」，一定會被淘汰。這也說明，建立「個人品牌」的前提是你要有一技之長，這一專長形成了你個人的核心競爭力。在此基礎上，再打造出一個專業形象，你就能在茫茫人海中脫穎而出。

過剩經濟時代，競爭的本質和核心在於差異化，同質化只會扼殺創新和追求的本能。如果你想在社會的大舞臺上長袖善舞，那麼就從現在開始趕快打造個人品牌吧！

記住，越快越好！

推薦序

為自己代言，做自己的首席品牌官

在當今競爭激烈的社會，成功已然成為人們越來越重視的話題，而尋找一條屬於自己的成功之路，是每一個人的夢想。

這裏所說的成功，換句話說，就是自我價值的實現。一個成功的人，對於社會來說，必是一個有用的人，而一個有用的人，必然有其特有的「使用價值」。

作為一個具有「使用價值」的個體，我們完全可以把自身意象化為一個在商業社會中待售的商品。商品有好有壞，有高檔有低檔，也有正貨和水貨，正因為有這種差別的存在，才導致有些商品銷路很好，供不應求，而有些商品則總是滯銷，供過於求。

影響商品銷路的原因當然有很多，比如商品的包裝、功能、品質、廣告等等。同樣，作為人才市場上待售的「商品」，每個人的能力、水準也都有高低之分，這也是為什麼有些人總能收到各大公司的offer而有些人四處求職無門的根本原因。

為了幫助那些在人才市場上滯銷或者銷路不好的「商品」打開銷路，提高市場佔有率，《我為自己代言》這本書便孕育而生。

全書共分為七個章節，分別從「商品」品牌的定位、包裝、核心競爭力、軟實力、銷售管道、市場、口碑等七個不同的方面來闡述如何將自己經營成好品牌。

文章語言通俗易懂，內容生動豐富，案例真實可靠，故事生動有趣，讓你在潛移默化中學到把自己經營成好品牌的技巧。此外，在每小節的結尾還備有「掩卷深思」，供各位讀者學習體會。

希望這本書能夠給每位想要把自己經營成好品牌的朋友以指導，激發你內在的潛能，幫助你提升自我，最終實現自己的理想，把自己經營成人人稱讚的好品牌。

最後，祝您在經營品牌之路上越走越快、越走越順、越來越好，早日成為人才市場上炙手可熱的好品牌！為自己代言，做自己的首席品牌官。

Contents

目錄

第二章 好品牌要有體面的包裝——優化形象，第一時間搶佔他人的目光

第三章 好品牌要有核心競爭力——提升潛能，最大限度地發揮自身價值

第四章 好品牌要有過硬的「軟實力」——平衡心態，讓「V」成為你的招牌動作

第五章 好品牌要有多元化的管道——拓寬人脈，從錯綜複雜的交際迷宮中走出來

第六章 好品牌要有廣闊的賣場——力求專業，在變化多端的職場中不可替代

第七章 好品牌要有好的口碑——完善性格，讓身邊的人都對你豎起大拇指

第一章

好品牌要有準確的定位

認清自己，找到自己的最佳位置

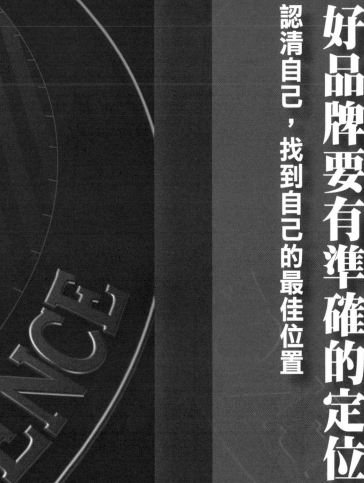

EXCE

1 接納並不完美的自己

「我要相貌沒相貌，要學歷沒學歷，要背景沒背景，幾乎要什麼沒什麼，我都不知道自己活在這個世界上有什麼意義！」

「上學的時候，我成績不好；畢業了以後，工作又不順心。我朋友少，現在這麼大了還沒有男朋友。唉！我怎麼那麼沒有用啊！真討厭自己！」

「我有很多的缺點，一點也不優秀，就連我自己都看不上自己，更別說別人了。」

相信看到類似上面這樣的言論，你一定有種似曾相識的感覺。但不管是出自身邊親朋好友之口，還是出自自己之口，這種話都是不應該得到宣揚和提倡的。因為說出這種話的人，往往都是缺乏自信的人。他們總嫌棄自己這也不好、那也不好，稍微遭遇一點挫折和失敗就將自己批評得體無完膚，甚至會對自己產生極度的厭惡之情，更有甚者，還會做出自虐、自殘等偏激行為。

之所以會有這麼多對自身不滿的聲音和懲罰自己的舉動，是因為很多人都無法在內心真正地接納自己、愛自己。然而，不滿和自懲就能解決本質問題嗎？

當然不能！不但不能解決問題，反而會讓問題更加惡化，矛盾更加激烈。與其無謂地挖苦自己、輕視自己，還不如努力去改變現狀或者試著打從心底接受自己、喜歡自己。

正如猶太人的經典《塔木德》裡所說：「改變可以改變的，接受不可以改變的。」現實生活中，如果你對自己感到不滿，那就請積極主動地去改變令自己不滿的現狀。如果有些問題，因為客觀原因而無法改變（比如自身的基因、先天的智商等等），那就請學著從內心接納自己。

畢竟，世界上不存在完美無缺的人，每個人都會有或多或少的缺點和不足，只有放寬胸懷，接受自己、認清自己、堅持做自己，才能綻放出自己最美麗的一面，將自己經營成好品牌。

有這樣一則寓言故事：

有一位國王在自己的花園裡種了各式各樣的花草樹木，但是他發現，沒過多久，花園裡的那些花草樹木就都開始凋零枯萎了。之所以會出現這種現象，是因為花園裡的花草樹木都認為自己生長得不如其他植物好，並且開始有些厭惡自己了。

橡樹說：「我之所以凋萎是因為我沒有辦法長得像松樹那麼高，我覺得自己很渺小。」

枝葉已然低垂的松樹說：「我之所以垂頭喪氣，是因為我不能夠像葡萄藤一樣結出果實。」

可是被松樹羨慕的葡萄藤也處在垂死的狀態，葡萄藤說：「能結果實什麼好的，又不能像玫瑰一樣開出美麗的花朵。」

就在各種植物都唉聲嘆氣的時候，花園中唯一一朵開得非常旺盛豔麗的紫羅蘭終於忍不住開口說話了：「我認為人類在把我種下去的時候，就是想看到我的樣子，如果他們想看到橡樹、松樹、葡萄藤或者玫瑰，他們就會種其他的植物，所以我想，既然我只能夠成為我自己，而不能夠成為其他的植物，那麼我就應該欣然地接受我自己，並且盡我最大的力量去成為我自己。」

紫羅蘭說完之後，剛才還在不斷抱怨自己不好的植物都陷入了深思。

寓言故事中，橡樹嫌棄自己不能像松樹那樣高大，松樹鬱悶自己不能像葡萄藤一樣結出果實，而葡萄藤卻苦惱自己不能像玫瑰一樣開出新鮮美豔的花朵。因為輕視自己，這些植物都無心生長，連自身特有的美也被忽略了。

唯獨紫羅蘭欣然愉悅地接受了自己，它並沒有因為自己不夠高大、不能結出果實而妄自菲薄，而是從內心接納自己，堅持自己的本色，綻放著專屬於自己的美麗。

由此可見，只有徹底地接納並不完美的自己，才能充分展現出自己的獨特魅力，將自己經營成好的品牌。同樣的道理，在人類世界，沒有人是十全十美的，每個人的個性、形象和人格也都有自己的特點，所以我們完全沒有必要去貶低自己，抬高他人。更何況，在你仰慕崇拜其他人的同時，可能也有很多的人正在仰慕崇拜你。

所以，在現實生活中，朋友們首先就應該打從心底接納並不完美的自己，這樣，你才有可能把自己經營成好的品牌。

索菲亞太太從小就特別敏感和靦腆，她的身材一直都偏胖，而她那張又圓又大的臉，使她看起來比實際還要胖很多。

索菲亞有一個很古板的母親，她認為身材肥胖的女人穿塑身的衣服一點也不好看，是很愚蠢的行為，所以在索菲亞很小的時候，母親就經常對她說：「寬衣好穿，窄衣易破。」現實生活中，母親也總是將自己這種審美觀強加在索菲亞身上，讓索菲亞穿一些寬大，甚至一點都不合身的衣服。

在潛意識裡，索菲亞也覺得自己很肥胖，身材很不好，為此，她很自卑，從來不和其他的孩子一起做室外活動，連體育課也不上。越是如此，索菲亞越覺得自己是個「異類」，和周圍其他的人都不一樣，一點都不討人喜歡，甚至自己都開始厭惡自己了。

長大之後，索菲亞嫁給一個比自己大好幾歲的男人。結婚後的索菲亞依舊沒有什麼改變，還是性格孤僻、沉默寡言。她丈夫一家人都很好，而且每個人都充滿了自信。

索菲亞想盡最大的努力像他們一樣，可是她做不到，家人為了使她開朗自信起來，都刻意不去觸碰她的自卑心理，然而這樣做不但沒有什麼起色，反而使索菲亞更加退縮。

索菲亞變得緊張不安，越來越封閉自己的內心，極力避開所有的朋友。她一而再、再而三地懊惱自己是一個失敗者，可是又擔心丈夫察覺到自己痛苦糾結的心理，所以每次在公共場合的時候，索菲亞都假裝很開心的樣子，但往往結果都不盡如人意，事後索菲亞還會為此難過好幾天。

就這樣痛苦糾結著，索菲亞越來越自卑，也越來越討厭自己，甚至都產生了自殺的念頭。

就在這最艱難的時刻，索菲亞的生活出現了轉機。

一天，索菲亞的婆婆談論起應該如何教養孩子，她說：「不管情況怎麼樣，我都會要求孩子們接納自己，做好自己。」

聽到這句話後，索菲亞突然意識到自己之所以這麼糾結苦悶，就是因為一直以來，她都沒有在內心真正接受自己。而一個連自己都討厭的人，又怎麼可能快樂起來呢？

從那以後，索菲亞像變了一個人一樣，她開始試著接受自己、喜歡自己，並且仔細地研究了自己的個性和優點，她開始學習色彩和服飾方面的知識，根據自己的情況和喜好去選擇衣服。

不僅如此，索菲亞還開始主動結交朋友，她參加了一個社團組織，經常在大家面前發言，她的自信心也越來越強。

在這個過程中，索菲亞得到了前所未有的快樂，而這些快樂，是在她接納自己、悅納自己之後才獲得的。

西方有這樣一句格言：「我要接受我的不完美，因為它是我生命的真實本質。」是的，作為並不完美的個體，我們每個人都有自己的軟肋和死穴，如果對它視而不見，甚至極力去掩飾，那麼這些就很有可能對自己造成致命的威脅。

所以，就算自己存在這樣那樣的缺點和不足，也應該無條件地接納並不完美的自己，學會和自己和解，和生活和解，正視自己的缺點與不足。

那麼，在現實生活中，朋友們應該如何更好地接納並不完美的自己呢？

1、要做到真正瞭解自己、認識自己

所謂「自知者明，自勝者強」，只有真正瞭解、認識了自己，才能更好地接納自己。日常生活中，朋友們可以透過觀察法（看別人對自己的態度）、比較法（與同齡、同樣條件的人相比較）、分析法（誠實坦率地剖析自己，瞭解自己的工作生活成果）等來認識和瞭解自己。

2、要經常鼓勵、肯定自己

對每個人來說，如果一味地否定自己、懲罰自己，勢必會加深自卑感，相較之下，鼓勵和肯定自己所帶來的效果更積極更有效。

值得注意的是，有些朋友有這樣一種語言習慣，總是在肯定自己之後，加一個「但是」的轉折語，比如「我承認我的工作能力確實很強，但是我的人際關係卻一點都不好」，這樣的話語雖然有肯定自己的成分，但重點還是落在了否定自己的方面，讓說者和聽者都產生一種消極心理，沒有發揮到積極的效果。

在日常生活中，有這種語言習慣的朋友一定要注意，在鼓勵肯定自己的時候，要有意識地將自己的思維模式轉換到積極的一面，多使用陳述句或者感嘆句，比如「雖然我的人際關係不怎麼好，但是我的學習能力非常強」、「我真棒」、「我很優秀」、「我很受人歡迎」等等。在不斷地自我肯定中，你會發現你的思維變得越來越積極，自我接受感也在不斷增強。

3、要樹立符合自身條件和情況的奮鬥目標

奮鬥目標不宜訂得太高，不要超過自己力所能及的範圍，否則屢次失敗會讓自己喪失信心，懷疑自身的能力，繼而妄自菲薄、自暴自棄。而樹立符合自身條件和情況的奮鬥目標，不僅能讓自己充分發揮自身所具有的聰明才智，而且還能在不斷地成功中增加自信心。

4、要不斷豐富自己的生活經驗

在進入一個新環境時，每個人都需要一定時間來適應環境。在這段時間裡，你也許可以很輕鬆地發揮自己的優勢，也許無論怎麼努力都發現自己仍有很多缺點和不足。但這有什麼關係呢？正反兩方面的經驗都會讓你進一步瞭解自己、認識自己，更好地接納自己！

5、要克服完美主義心理

現實生活中，有些朋友是典型的完美主義者，他們做任何事情都力求完美，一旦結果沒有達到自己的要求和標準，就會耿耿於懷、自責不已，甚至會為此懊惱許久。

這種完美主義心理是非常不可取的。要知道，在這個世界上，沒有誰能夠做到十全十美，你我皆不例外。有完美主義傾向的朋友們一定要有意識地消除自己這種完美主義心理，不要對自己太苛刻，也不要因為一個小小的挫折或者失敗而過分自責。

只有成功克服自己的完美主義心理，你才能坦然平靜地面對自己、接納自己。

【掩卷深思】

英國著名作家王爾德曾說過：「熱愛自己是終生浪漫的開端。」的確，想要擁有成功美好的人生，將自己經營成好品牌，朋友們首先就應該從熱愛自己、接納自己開始。

如果連自己都不熱愛自己，不接受自己，甚至討厭自己，那麼又何以去談愛生活、愛他人，何以把自己經營成好的品牌呢？

2 不要豔羨別人手中的木炭，要守住自己的沉香

佛經中有這樣一個故事：

一位老富翁非常擔心自己死後，兒子不能自己養活自己，於是，他把自己一生創業的艱辛歷程告訴了兒子，希望兒子能從中受到啟發，用自己的方式創立屬於自己的全新生活。

兒子聽完父親的親身經歷後，大受鼓舞，他立即打造了一艘堅固的大船，打算航海出遊，途中經歷了險惡的風浪和無數的島嶼，最終在熱帶雨林中找到了一種樹木。

這種樹木不是普通的樹木，它高達十餘公尺，就算在大雨林中也非常罕見。他把樹木砍下來，用一年時間讓其外皮腐爛，留下能散發出濃郁香氣的沉黑木心。他發現，將這部分放在水中，它不會像別的樹木那樣浮在水面，而是會沉到水底去。

老富翁的兒子覺得這樹木是價值連城的寶物，便把這散發著香味的樹木運到市場去販賣。不幸的

是，市場上沒有一個人識貨，很久都沒有人來買。而旁邊不遠處那個賣木炭的小販，顧客卻總是絡繹不絕。

起初的時候，老富翁的兒子並不以為意，但是日復一日，看著木炭販子的生意那麼紅火，就有些動搖了。

終於有一天，老富翁的兒子忍不住將自己手裡的香木燒成了木炭，拿到市場上去賣，結果一下子就搶購一空。老富翁的兒子非常高興，回家得意洋洋地告訴了父親自己的「業績」。

老富翁聽後，不禁潸然淚下，深深地嘆了口氣。原來，兒子帶回來的香木，是一種極其珍貴的樹木——「沉香」，只要將一小塊磨成粉屑，賣價比一車木炭還要高。

看完這個故事，朋友們是不是也為故事中富翁兒子的愚蠢行徑感到深深惋惜呢？不珍惜自己所擁有的名貴香木，反而去羨慕別人手中的木炭。更讓人扼腕的是，他竟然為了追求別人手中的木炭，而丟棄了自己手中的香木，簡直是暴殄天物！

在感嘆之餘，也請朋友們冷靜下來，仔細想一想，類似這樣的事情，在現實生活中，是否發生過呢？稍加留意，你就會發現，類似這樣的事情不僅在現實中存在，而且時有發生，很多人（包括你自己），總喜歡拿自己和別人比較，學生時代比學業成績，工作了比薪水待遇等等，似乎每天的生活都在與他人的比較中度過。

這種做法顯然是不可取的。

有一位名人說：「人生最大的缺憾就是和別人比較。和高人比較使我們自卑，和俗人比較使我們下流，和下人比較使我們自滿。」的確，當你總是想著和他人比較時，你的內心也會隨之動盪，失去自由，而且在這比較的過程中，你很可能會不自覺地失去自我、迷失自我。

朋友們（尤其是想把自己經營成好品牌的朋友們）不要總是豔羨別人手中的木炭，而應守住自己的沉香，不要隨意、盲目地與他人比較，要珍惜自己眼前所有。就算他人手中的是沉香，也不要輕易放棄自己的堅持。

記住，勇敢地做自己就好！

林青文是一個大學教授，在紐約租了一間不錯的公寓。

住在林青文隔壁的是一家美國人，與林青文碰面的時候，他們總會友好地打招呼。在聊天的過程中，林青文發現這位美國男主人的文化程度雖然不高，但是他說起話來卻相當有自信。

隨著和這家男主人的深入交談，林青文才得知，他從事這個城市最底層的職業，薪水還不足以養活全家人，需要政府補助來維持。

即便在這樣的情況下，這位男主人也沒有失去自我的本真，照樣和一個博士談笑風生，相處自如。

林青文不由得從心底尊敬起這位男主人來，他相信，就算是美國總統站在這位男主人面前，他都不會腿軟。

這位美國男主人顯然是能夠守住自己沉香的人，他能夠堅定勇敢地做自己，不管自己從事什麼職業，文化水準、家庭背景如何，都不會為此感到自卑和低人一等，對於自己的生活狀態以及自我認識，從來是懷著一種接納的心態。

能做到這一點，顯然是來自內心的自信，這是一種強大的力量。

傑克大學畢業後，在中國的一家電腦公司工作了將近十年，一直兢兢業業、表現突出。有些同事經常會不解地問他：「依你的能力，完全可以去微軟公司工作，為什麼不去那裡呢？幾年下來，光股票就夠你賺的了。」

傑克聽後，笑著搖了搖頭，已經不是第一次有人這麼問他了，他回答道：「儘管微軟很好，但是我覺得這裡更適合我發展，相較之下，我更喜歡這裡的工作環境。」

此後不久，同事們無意間在傑克的辦公桌上發現了一張合影，上面是傑克、傑克的姐夫、姐姐和比爾・蓋茲。透過瞭解才知道，傑克的姐姐早年跟比爾・蓋茲一起創立微軟，現在擔任微軟的副總裁，已經是上億萬身家了。只要願意，傑克輕而易舉就能進入微軟公司上班，這是許多人都求之不得的，但是傑克並不為之所動，而是遵從自己的內心，堅持自己的選擇。

傑克的親身經歷告訴我們：做自己就好，不要去羨慕別人，更不要盲目、隨意地去與別人比較。只要遵從自己的意願行事，認真、努力做自己該做的事情，那麼你自然而然會將自己經營成好品牌。

【掩卷深思】

想要把自己經營成好品牌，必須具有自己獨有的特色，這就要求朋友們應堅持做自己，不要豔羨別人手中的木炭，而應守住自己的沉香。

3

要善於經營你的興趣和長處

當被問及自己之所以能夠獲得成功時，大部分功成名就的人士，都會將「興趣」列為至關重要的一點。

綜觀歷史上頗有建樹的成功人士，你會發現，他們都非常熱愛自己所從事的事業，並且都能夠很好地、巧妙地發揮自己的長處。

在這一點上，德國著名作家歌德也曾感嘆過：「如果工作是一種樂趣，那麼人生就是天堂。」的確，如果你能很好地經營你的興趣，發揚自身的長處，那麼你必然能將自己經營成好品牌。

以色列政府曾向愛因斯坦發出誠摯的邀請，希望愛因斯坦能夠到以色列擔任總統一職。在大多數人看來，愛因斯坦本就是猶太人，如果能成為猶太總統，實在榮幸之至。然而，令大家感到驚訝的是，愛因斯坦竟然拒絕了這份盛情。

當被問及為何要拒絕時，愛因斯坦回答道：「我一輩子都在進行物理研究，既沒有天生的才智，也缺乏處理行政事務、公正待人的經驗和興趣。所以，我並不適合擔此重任。」

從愛因斯坦的回答中，我們可以看出愛因斯坦是一個非常有智慧且有自知之明的人，他知道自己的興趣所在，知道自己的長處是什麼，知道把自己擺在哪個位置才能真正發光發熱。

和愛因斯坦一樣懂得揚長避短、經營自己興趣的人還有很多，阿里巴巴創始人馬雲就是其中典型的代表。

在決定創業的初期，馬雲並沒有找到自己真正的發展方向，經過一段時間的工作和學習後，他明白了這樣一個道理：自己感興趣的才是真正想做的，做的時候才最有熱情。

深思熟慮後，馬雲發現自己的興趣是做那些正處於水深火熱之中的中小企業者的解救者。至於透過什麼平臺來解救，馬雲第一時間想到的便是網際網路。對於網路，馬雲是情有獨鍾的，也是他一輩子想要追求的。

於是，馬雲想到做到，義無反顧地投身於網路行業中，並且立下大志，要把阿里巴巴做成影響中國經濟、亞洲經濟，乃至世界經濟的一家大企業。

對於自己的這一抉擇，馬雲從來都沒有後悔，他曾在一次演講中說道：「北方企業家總想著我要做什麼，我能做什麼。南方企業家則總是問自己我該怎麼做。而我要告訴大家的是，每一個企業家都會面對非常多的複雜問題，但是，不管怎樣，你一定要做你最想做的事情。」

不僅如此，馬雲還非常清楚地知道自己擅長什麼。或許，在某些不瞭解他的人眼中，他是一個狂妄的、不知天高地厚的人。

但事實並非如此，馬雲實際上是一個非常理性的人，他透徹地瞭解自己到底是哪塊料，也很清楚自己的優勢和劣勢。對此，馬雲自稱：「技術水準是零段，管理水準是九段」，這話表明了他對自我能力的客觀認識。

創立阿里巴巴後，為了彌補自己在技術方面的缺陷，馬雲著重發揚了自己的長處，增強了自己的管理能力。

他親手打造了一支具有豪華的技術和管理陣容的隊伍，一些網路知名人士都在這一陣列。對此，馬雲也毫不諱言：阿里巴巴的策劃人比他有創意，市場員比他懂市場，技術員比他懂技術。而他的強項則是考慮公司的戰略，如何與矽谷競爭，與全球競爭。

在競爭激烈的網路界，馬雲可以說是一個「非主流」。他不懂電腦，沒學過管理學，也從不給公司做廣告。

但是，他不僅沒有被巨浪擊倒，反而迎難而上，創造了一個神話。有人曾這樣評價他：「他是一個很有想法的人，知道自己想做的是什麼，並且堅持去做了，所以，他做了別人做不到的事。」

是的，善於經營自己的興趣和長處，是想把自己經營成好品牌的致勝法寶。投入自己的興趣，挖掘自己的長處，這樣的人又怎麼會達不成自己的願望呢？

皮爾．卡登被稱為「與艾菲爾鐵塔齊名的服裝設計大師」，他從很小的時候開始，就對服裝設計產生了濃厚的興趣。在八歲時，皮爾．卡登就設計出自己的第一件衣服，十四歲就成為了一名見習時裝設計師。

儘管如此，皮爾．卡登還是受到了父母的阻撓，因為父母非常希望兒子能成為藥劑師。然而，皮爾．卡登並沒有向父母妥協，他深知自己的興趣和長處所在。也正是對服裝設計的濃厚興趣和執著，讓他成為了一名出色的服裝設計師，成就了他的一生。

多年來，皮爾．卡登憑藉自己獨到的才能，創造了三萬多種時裝款式，設計了五百多種各類產品，在世界上九十三個國家販售。

可以想像，如果當初皮爾．卡登聽從父母的意願，去從事自己不感興趣的行業，而沒有跟著自己的興趣走，發揮自己的長處，那麼他可能一生都只能是一個默默無聞的藥劑師。

如此想來，也便不難理解，許多人之所以與成功擦肩而過，是因為他們沒有經營好自己的「興趣」與「特長」。

所以，想要把自己經營成好品牌的朋友，一定要注重培養好自己的興趣，發揚出自己的長處，這樣才能推動自己前進，增值自己的人生。

【掩卷深思】

現實生活中，很多人都抱怨自己所做的工作了無生趣，或者總是覺得自己的長處毫無用武之地。因此，他們總是不能滿懷熱情地樂在其中，更別提會有所成就了。

針對這一問題，美國學者蓋洛普專門進行了一番研究，並且總結出了兩點：一是每個人的天賦都是持久而獨特的。二是每個人的最大成長空間，在於他最擅長的領域。

由此可見，想要把自己經營成好品牌，朋友們一定要學會經營自己的興趣和長處。

4 正確對待他人的評價

現實生活中，我們總免不了接收到外界對自己的評價，有批評也有讚美。面對他人的批評或者讚美時，朋友們都會採取什麼樣的態度呢？

有兩類愛走極端的朋友，可能會採取截然不同的態度：當別人評價自己時，總是非常「謙遜」地照單全收，不管對方的意見中不中肯，總覺得是千真萬確，並且會特別自覺地對號入座；另一類人則非常希望得到他人的讚美，為了能夠贏得他人的讚美，博得他人的歡喜，他們花費很多的時間和精力，甚至放棄了自己的初衷和愛好。

這兩種做法顯然都是不可取的，第一種做法過於謹慎，有些謙遜過了頭，而第二種做法也有失偏頗。

這麼說，當然不是指喜歡被人讚美是一種錯誤，因為任何人都渴望得到別人的肯定和認可。但是，當你把外界的讚美，當作你必不可少的「精神食糧」，盲目地追求他人的讚美時，你就會漸漸迷失自我、喪失自我。

一九六四年，美國出版了近七千多種圖書。透過統計顯示，在這一年當中，穩居美國銷售量前列的書有以下三類：一類是關於林肯總統的；一類是關於醫生的；另外一類則是關於狗的。

得知這個消息後，有一個很有「想法」的出版商「別出心裁」地出了一本名叫《林肯醫生的狗》的書。

出版商的本來意圖是想將當下最熱門的話題雜糅在一起，以此迎合消費者的心理，獲得好口碑來牟取暴利。

但是，事情並不如他想像的那樣，這本書發行之後，一本都沒有賣出去，並因此獲得史上「最差銷售書」的「美譽」。

這個故事告訴我們這樣一個道理：盲目地為取悅、迎合他人，甚至為此放棄自己的價值觀是不會受到歡迎的。

不僅如此，有時候，還會給你帶來額外的煩惱。

讀大學的時候，王心琳一直都是學校裡出類拔萃的優秀學生，專業成績非常突出，每次老師宣布課業成績的時候，她總能收到來自四面八方羨慕、敬佩的眼光。

不僅如此，學校大大小小的晚會上，也總是少不了她的身影。似乎從小到大，王心琳都浸泡在他人的讚美聲中。

畢業開始工作之後，王心琳的專業優勢並沒有得到很好地發揮，因此在同事中並不是很突出，為此，王心琳感到很鬱悶。

失去了諸多讚美和「集萬千寵愛於一身」的自我優越感後，王心琳的心理、情緒都蒙上了一層濃重的陰影。

從王心琳的親身經歷中，我們可以看出，過分在意他人對自己的評價，迫切渴望得到他人讚美的人，往往抗挫能力都比較弱，一旦外界的讚美消失，他們就會憂心忡忡、患得患失。

如果王心琳能夠正確對待別人的評價，不將外界的評價，當作衡量自己價值的唯一標準，那麼也不至於像現在這樣煩惱了。

由此可見，正確對待他人的評價，對想把自己經營成好品牌的人來說，是非常重要，也是必須要做到的。

那麼，現實生活中，我們應該如何做到正確對待他人的評價呢？

1、要全面認識自己

人無完人，所以我們不可能滿足所有人。也正因為如此，你實在沒必要拿外界的評價，來做為定位自身價值的標準。

雖說「以人為鏡，可以明得失」，但是以人為鏡的前提，應該是全面認識自己。只有在全面認識自己的基礎上，才能客觀、正確地對待他人的評價，才知道他人的批評是否中肯，外界的讚美是否真誠。也只有全面認識自己，你才能從他人的評價中，得到有利於自身的資訊。

2、正確使用他人這面「鏡子」

別人是一面鏡子，透過這面鏡子，你要學著更好地去認識自己。

當他人批評你或者向你提出建議時，你既不要一味地抵觸，也不要不加考慮地奉為真理。同樣，當他人讚美誇獎你時，你也千萬不要得意忘形，或者過分揣測他人的意圖。

正確的做法應該是，不管對方是批評還是讚美，都應認真耐心地聽完，然後對其所說的話，做出冷靜客觀的分析。

如果批評得中肯，那就應該虛心接受，並且努力改正；如果對方只是出於打擊報復你的目的，那你大可以不去理睬，也沒必要因此壞了自己的心情。

如果讚美出於真心，且符合事實，你就應該欣然地接受，再接再厲，努力做得更好；如果只是不切實際的阿諛奉承，那你一笑了之即可，千萬不要被對方的花言巧語沖昏了頭。

此外，他人這面鏡子，還可以有另一種使用方法。

根據投射心理，一般你喜歡別人的某些特點，那麼這個特點要嘛是你所擁有的，或者你自己沒有能力獲得的優點，要嘛是你之前身上所存在的缺點，只不過後來經過努力克服掉了。反之，你看到別人身上那些讓自己感到不舒服的地方，那肯定是自己不曾擁有，而又極其渴望擁有的特質，或者是自己一直以來想改正卻未曾改正的壞毛病。

總而言之，你能從他人身上清楚地看到自己的狀態，從而有針對性地調整自己。

3、尊重自己的選擇和感受

有些人嚐到被人讚美的甜頭後，就會刻意為得到他人的讚美，而做或不做某些事情，就算違背自己的意願也在所不惜。

這顯然是愚蠢的做法。有時候，坦誠自己的不足，尊重自己的選擇和感受，反而更能坦然地對待他人的評價。

4、對自己不要過於苛刻

卡內基曾說過這樣一句話：「發現你自己，你就是你。記住，這個地球上沒有一個和你一樣的人。在這個世界上，你是一處獨特的存在，你只能以自己的方式歌唱，你只能以自己的方式繪畫。你是你的環境、你的經驗、你的遺傳所造就的你，無論好與壞，你只能耕耘自己的小園地；不論好與壞，你只能在生命的樂章中奏出自己的音符。」

是的，在這個世界上，每個人都是獨一無二的，有自己特有的缺點，也有自己特有的優點，既然如此，何不對自己寬容一些呢？

要知道，一個人的自我價值不是透過別人來證實的，而應該先由自己來確認。你希望自己成為一個什麼樣的人，不是別人能夠決定的事情，這完全取決於你自己。

本世紀有一個重要的心理發現，那便是「自我意識」真實地存在，並且發揮著作用。

無論我們是否意識到，有一點是值得肯定的，那就是每個人心裡都有一個自我肖像，它能夠幫你判斷你到底是屬於哪種人，當然，這種判斷的建立前提是每個人的自我信念。

當一個人充分地接納自己的時候，他便會自我催發對自己的好感，這種「好感」對他各種才能的發揮以及情感的培養，都有著不容小覷的作用。

而如果一個人自我意象很模糊，那麼便會由此限制甚至是扼殺自己的生命力。

所以，想要把自己經營成好品牌，你必須要有一個良好的意象來陪伴自己，正確對待他人的評價，並且伴著這樣的意象，向你所希望的方向要求自己，你自然而然就會變成你理想中的樣子。

【掩卷深思】

一個人，想要清楚地認識自己，把自己經營成好品牌，除了經常自省、反觀自身外，還應該學會以人爲鏡，透過別人來觀察、認識自己。但需要注意的是，在這個過程中，朋友們一定要學會正確地對待他人的評價，「取其精華，去其糟粕」，汲取有益的資訊，來發展壯大自己。

5 你的態度決定你的人生高度

相信對於「態度決定高度」這句話，朋友們都不會感到陌生。對於同一件事情，不同的態度會產生截然不同的結果。比如積極進取的態度和安於現狀的態度，前者永遠會走在前面並且目標堅定，而後者則永遠跟不上前者的步伐。

不知朋友們是否注意到這樣一個有趣的現象：無論在會議室還是在聚會的時候，幾乎百分之八十的人，都不約而同地選擇坐在後排的位置上，諸多的座位中，往往是後面的座位先被佔滿。

之所以會出現這麼有趣的現象，是因為這些鍾情於後座的人，都已經「習慣低調」。他們不喜歡被人注視，一旦別人的目光、注意力停留在自己身上，他們就會坐立不安。因此，他們總是將自己「藏」在不起眼的角落。

長此以往，這種態度就會根深蒂固，這樣的人也會慢慢泯然於大眾，無論他們坐在哪裡，都不會引起他人的注意。

想要把自己經營成好品牌的朋友們，一定要端正好自己的人生態度，如此，你才能達到相應的人生高度。

瑪格麗特出生在二十世紀三〇年代英國一個普通的小鎮。

從小，父親就對她非常嚴格，經常給她灌輸一些很「苛刻」的觀點：「不管妳做什麼事情，都必須要盡最大的努力，做到最好，要永遠走在別人前面，而不能落後於人。」不僅如此，就連坐公車，父親都不忘提醒瑪格麗特一定要坐在第一排。

除了這些之外，父親還有一系列嚴格的規定，比如無論遇到什麼事情，絕對不允許說「我不能」或者「太難了」之類消極的話。

對孩子來說，這樣的要求似乎有些過分，但是正是因為這種教育，才成就了以後優秀的瑪格麗特。在父親的嚴格教育下，瑪格麗特做任何事情，都擁有絕對的決心和自信。不管是在學習、生活、工作上，瑪格麗特都始終不忘父親的教誨，一直保持著一往無前的精神和信念，盡自己最大的力量克服一切困難，努力做好每一件事情。她努力踐行父親對她提出的「永遠坐在第一排」的要求，並且將它徹底執行，不爭一流絕不甘休。

讀大學時，學校設置了五年的拉丁文課程，瑪格麗特僅僅只用了一年的時間就完成了這個任務，並且成績依舊名列前茅。

這對大多數人來說簡直是不可思議的，但是瑪格麗特硬是憑著超級頑強的毅力和努力的精神做到了。

除此之外，瑪格麗特在音樂、體育、演講等方面也都毫不遜色。只要是她所涉及到的領域，她都會力求做到最好。正因為如此，她當年的老校長這樣評價瑪格麗特：「她是我見過的最優秀的學生，她總是充滿了熱情和活力，無論做任何事情都非常出色。」

四十多年後，瑪格麗特成為英國，乃至整個歐洲政壇上一顆耀眼的明星——連續四屆被選為英國保守黨領袖，並於一九七九年破天荒地成為英國第一位女首相，執政長達十一年。

她就是被世界政壇譽為「鐵娘子」的瑪格麗特．柴契爾夫人。

「永遠要坐在第一排」是一種積極向上的人生態度。

正是有了這種積極向上的人生態度，瑪格麗特才會在人群中出類拔萃、脫穎而出；正是有了這種積極向上的人生態度，瑪格麗特才能用短短一年的時間，學會本應花五年時間來學習的拉丁文課程，並且成績優異；也正是有了這種積極向上的人生態度，瑪格麗特才成為英國第一位女首相，在政壇上熠熠生輝。

可見，態度確實決定著你的人生高度，什麼樣的態度就會帶來什麼樣的人生。當你面對一件事情，總是懷揣著「我要」或者「我能」的態度時，你的願望也會越來越向你靠近，最終得以實現。

基於此，想把自己經營成好品牌的朋友們，你一定要有意識地培養自己積極進取、樂觀向上的人生態度，只有這樣，你才能達到你所期望的人生高度。

【掩卷深思】

大哲學家蘇格拉底曾經說過這樣一句話：「要向我學習知識，你必須要具備強烈的求知慾望，正如你有強烈的求生慾望一樣。」追求成功也是如此，想要成功，想要邁向人生的另一高度，想要把自己經營成好品牌，就必須要有強烈的成功慾望以及積極向上的人生態度，只有這樣，你才能實現自己的理想。

6 注重自我交流，學會傾聽自己內心的聲音

現實生活中，很多朋友在面臨抉擇而無法取捨，或者情緒抑鬱低落的時候，總是會習慣性地將注意力投注到外界，向外界求助，依賴他人的評判和建議來決定自己的去向，做出最終的選擇。這種過分注重外界因素的做法，往往會使自己忽略了自我交流，無意識地遮掩了自己內心的聲音，忘記了和自己的心靈對話。

長期如此，這類人極易在對自我的認識上變得鼠目寸光，盲目且易受到外界的影響，無法給自己的品牌定好位。

事業上，因為忽視內心的聲音而隨波逐流，不管自己喜不喜歡、適不適合，都盲目地選擇最為眾人所看好的熱門職業；感情上，因為不尊重自己內心的聲音，而違心地選擇了所謂「門當戶對」的戀愛人選甚至是結婚人選；生活上，因為忽視自我交流，而讓他人成為自己情緒的主人。

路易士是一位年輕的心理諮詢師，專門接受有心理疾病的患者的諮詢。

有一天，他的辦公室來了一個病人。

這位病人和絕大多數病人不同，她並沒有對路易士抱怨自己這樣那樣的不順心。

她進門坐定之後，就開始向路易士發問：「您好，請允許我向您請教這樣一個問題，您經常跟各式各樣的心理病人打交道，時間長了的話，您會不會也受到病人的影響呢？」

路易士毫不避諱地直言道：「當然會，這是正常現象。」

「那如果您都有問題了，您又怎麼能給別人做心理測試呢？這不是很荒唐嗎？」病人問道。

「哈哈，這個您放心，我們都有自己的督導老師，定期去老師那裡接受督導。」路易士笑道。

「那如果時間長了，連督導老師都有問題，又怎麼辦呢？」

「督導老師也會有自己專門的督導老師啊！」路易士對病人的這個連續提問有些不解。

「如果督導老師的督導老師再有問題又怎麼辦呢？」

路易士顯然被問得有些暈頭轉向。

第二天，路易士帶著這個令人頭痛的問題去請教自己的督導老師。

聽了路易士的疑惑後，他的督導老師問道：「你覺得做為一個心理諮詢師，最大的職責是什麼？」

路易士回答說：「幫助患者解決他們的心理問題。」

「那你認為幫助他們解決問題最好的方法是什麼？是你直接給出所謂的正確答案，還是引導他們直接面對自己的內心，引導協助他們進行自我交流來解決自身的問題呢？」督導老師引導路易士。

路易士聽後恍然大悟，這才明白那個患者關注的並不是督導的督導是不是有心理困擾，她真正擔心的是僅僅憑藉外界的幫助（比如心理諮詢）是否能解決最根本的問題。

對於病人的這個疑問，路易士的督導老師最終給出了解答，一個人想要擺脫內心的束縛，就應該從根本上認清自己，找到安放自己的最佳位置。要做到這一點，就必須注重自我交流，學會傾聽自己內心的聲音，懂得和自己的心靈對話。這是放之四海而皆準的道理，也只有這樣，才能把自己經營成好的品牌。

注重自我交流，懂得傾聽自己內心的聲音，對於一個人的發展是非常重要的。那麼，在把自己經營成好品牌的過程中，朋友們應該如何有效地進行自我交流呢？

這裡，我給出以下兩點建議：

1、選擇自己所喜歡的，才能獲得最終的成功

在現今競爭激烈的社會，追求效率和速度已然成為王道，因此，人們的生活節奏變得越來越快，內心變得越來越浮躁，慾望也變得越來越多，漸漸喪失了自我交流的能力。

相信很多人都有過這樣一種感覺，就算忙忙碌碌一整天，但心裡還是感到空虛，總覺得這種忙碌沒有任何意義。

之所以會有這種感受，正是因為生活中缺少自我交流，沒有遵從自己的內心在做事情。

如果長期處於這種狀態，對個人的發展是有百害而無一利的。要知道，真正獲得成功的人，不是去做那些看起來非常宏大的事情，而是服從內心的意願做自己喜歡的事情，只有這樣才能一步一步地將自己經營成好品牌。

朋友們，當你忙忙碌碌不知所為時，不如停下腳步靜靜地想一想，自己到底需要什麼，什麼樣的人生才是適合自己的，然後順從自己的內心去付諸實踐。

2、放空自己，不要讓忙碌壓得自己喘不過氣

人是有意識有感情的動物，因此內心會產生很多願望，發出很多「聲音」。

在這些聲音中，有微弱的，有轉瞬即逝的。

對神經總是處在緊繃狀態，終日忙碌得喘不過氣的人來說，這些聲音就很有可能被忽視，或者遭遇冷漠對待。

長此以往，這些人會漸漸喪失生活的樂趣，離自己的初衷越來越遠，忘記了自己最初的模樣。

為了防止這樣的事情在自己身上發生，想要把自己經營成好品牌的朋友就應該適時地放空自己，不要讓忙碌把自己壓得喘不過氣來，此外，還應該注重自我交流，學會傾聽自己內心的聲音。

【掩卷深思】

有位哲人曾說過：「一個注重自我交流、懂得傾聽自己內心聲音的人，才能找到眞正的自己。」事實確實如此，一個能夠跟自己對話交流的人，往往更瞭解自己，更明確自己想做什麼，要得到什麼，而這也恰恰是把自己經營成好品牌的基本前提。

7 一旦確定目標，就要義無反顧地走下去

在你成長的過程中，是否有過這樣的經歷：因為父母的指責和干涉，放棄了自己喜愛的事物；因為朋友的質疑，影響了與戀人之間的感情，最終不歡而散；因為他人異樣的眼光，喪失了實現自己夢想的勇氣和動力……

如果有過這樣的經歷，那麼在事後回想起來的時候，你是否會在內心生出深深的懊惱和悔恨？你是否會對自己說「當初我要是堅定自己的選擇和想法，義無反顧地走下去該多好」等諸如此類的話呢？

而你之所以會生出諸多的懊惱和悔恨，歸根究底是因為你的意志總是被人左右，你的思想和行為總是受外界影響，你的目標總是在改變，你不能堅定地走自己的路。

一個堅持自己的想法、堅定走自己路的人，絕對不會允許這樣的經歷發生在自己身上，因為他們從

來不會輕易被他人的言論所改變，更不會看著他人的臉色來決定自己的人生軌跡。他們內心堅定，一旦做好了決定、確定了目標，就會義無反顧、風雨無阻地走下去。

在中國大陸，集有名主持人、演員、歌手、寫作者等身分於一身的藝人曹穎，便是這樣一個一旦確定目標，就會義無反顧走下去的人。

一九九七年，曹穎開始在大陸央視主持《半邊天》節目。對曹穎來說，中央電視臺是一個很好的展現自我的平臺，她也曾不只一次地感慨：「如果沒有央視，就沒有今天的我。」

剛進中央電視臺的時候，曹穎還未與中央電視臺正式簽約，鍾情拍戲的她還可以在拍戲和主持之間自由切換。

那段時期，曹穎在主持界的名聲越來越大，她那獨特而富有魅力的主持風格，為她贏得了廣大觀眾的一致好評，並且迅速躋身於著名主持人的行列。

然而時間一長，主持和拍戲的衝突日益明顯，曹穎也深刻地意識到自己越來越力不從心。經過深思熟慮後，曹穎做出了一個令所有人都大吃一驚的決定，那就是離開中央電視臺，為自己所鍾愛的表演事業而放棄正在蒸蒸日上的主持事業。

很多人（包括曹穎的親朋好友以及觀眾）得知這個消息後，都以為曹穎瘋了，放著央視這個「鐵飯碗」不要，跑去沒有任何根基的演藝界瞎混，真不知道她是怎麼想的。甚至還有一些人對曹穎冷嘲熱諷：

「真是身在福中不知福，央視這麼好的單位都留不住她，等她出去碰了一鼻子灰後就會叫苦不迭了，那時候恐怕後悔莫及了吧！」

面對這四面八方的討伐和質疑，曹穎並沒有動搖自己的決定，她依舊堅持自己的想法，毅然決然地辭掉了中央電視臺的工作。

時隔多年之後，當年那個堅定剛毅的曹穎，並沒有像很多人所說的那樣：脫離央視這棵大樹，她便會無依無靠、一無所有，再難有什麼大的作為。

恰恰相反，如今的曹穎事業欣欣向榮，不僅成為演藝界、歌唱界一顆璀璨的明星，更在眾多電視臺主持多個節目，而且還推出了自己的新書《嘟嘟娃娃》，成為當下文娛界最活躍的藝人之一。

在接受一次採訪中，主持人曾問曹穎：「當時的妳離開央視，在多年的奮鬥與努力中，是否後悔過自己當初的決定呢？」

曹穎笑了笑，說道：「我一直最愛演戲，儘管當時也很捨不得離開央視，但是我內心清楚自己必須這樣做。瞭解我的人都知道我是個非常倔強的人，雖然在這一行裡工作了這麼多年，也經歷了很多事情，但是還是本性難移。而且我堅信，沒有任何一條路是充滿掌聲和鮮花的，自己選擇了路，確定了目標，就一定要義無反顧地走下去。所以沒有什麼可後悔的，只要低頭努力就行了。」

從一九九四年的《非常娛樂》到一九九八年的《萬家燈火》，從二〇〇〇年的《綜藝大觀》到央視十佳主持人，從主持界的名嘴到知名藝人，這一路走來，個性十足的曹穎帶給自己以及眾人很多的驚喜。

而她之所以能獲得如此傲人的成績，與她堅持自己的想法、堅定走自己的道路有著很大的關係。正是因為堅定的信念，曹穎才會在主持事業蒸蒸日上的時候，毅然決然地放棄央視的「鐵飯碗」；正是因為堅定的信念，曹穎才會不受外界輿論的影響，義無反顧地投身於自己鍾愛的演藝事業；正是因為堅定的信念，曹穎的人生道路才會越走越寬，越走越光明。

試想，如果曹穎向大眾的質疑和冷嘲熱諷妥協，改變自己之前的目標，那麼她還能從事自己所喜愛的演藝事業嗎？她還能如願地做自己想做的事情（出唱片、寫書等等）嗎？她還能成為文娛界最活躍的知名藝人嗎？她還能把自己經營成好品牌嗎？

答案當然是不能。不僅不能，她可能還會一直處於懊惱之中，後悔自己沒有堅定自己的目標，堅持自己的選擇，沒有堅定走自己的路，甚至會因此而鬱鬱不得志。

可見，在我們的人生道路中，堅定的信念和執著的精神是非常重要的，它可以指引人們向著心中的夢想堅定不移地走下去，直至成功。

而擁有這樣堅定信念和執著精神的人，一旦確定目標就義無反顧地走下去，必然能將自己經營成好品牌。

所以，想要把自己經營成好品牌的朋友，在日常生活中一定要堅定自己的信念，一旦下定了決心、確定了目標，就要一往無前，就算所有人都投反對票，自己也要義無反顧地走下去。

【掩卷深思】

俗話說得好：「走自己的路，讓別人去說吧！」當一個人能夠不爲外界所動，不屈服於他人的意志，不看別人的臉色生活，能夠堅定自己的目標，義無反顧地走自己的道路時，那麼他一定能獲得自己的成功。所以，朋友們一定要堅持自己的選擇，一旦下定決心做某一件事，就要堅定不移地走下去。

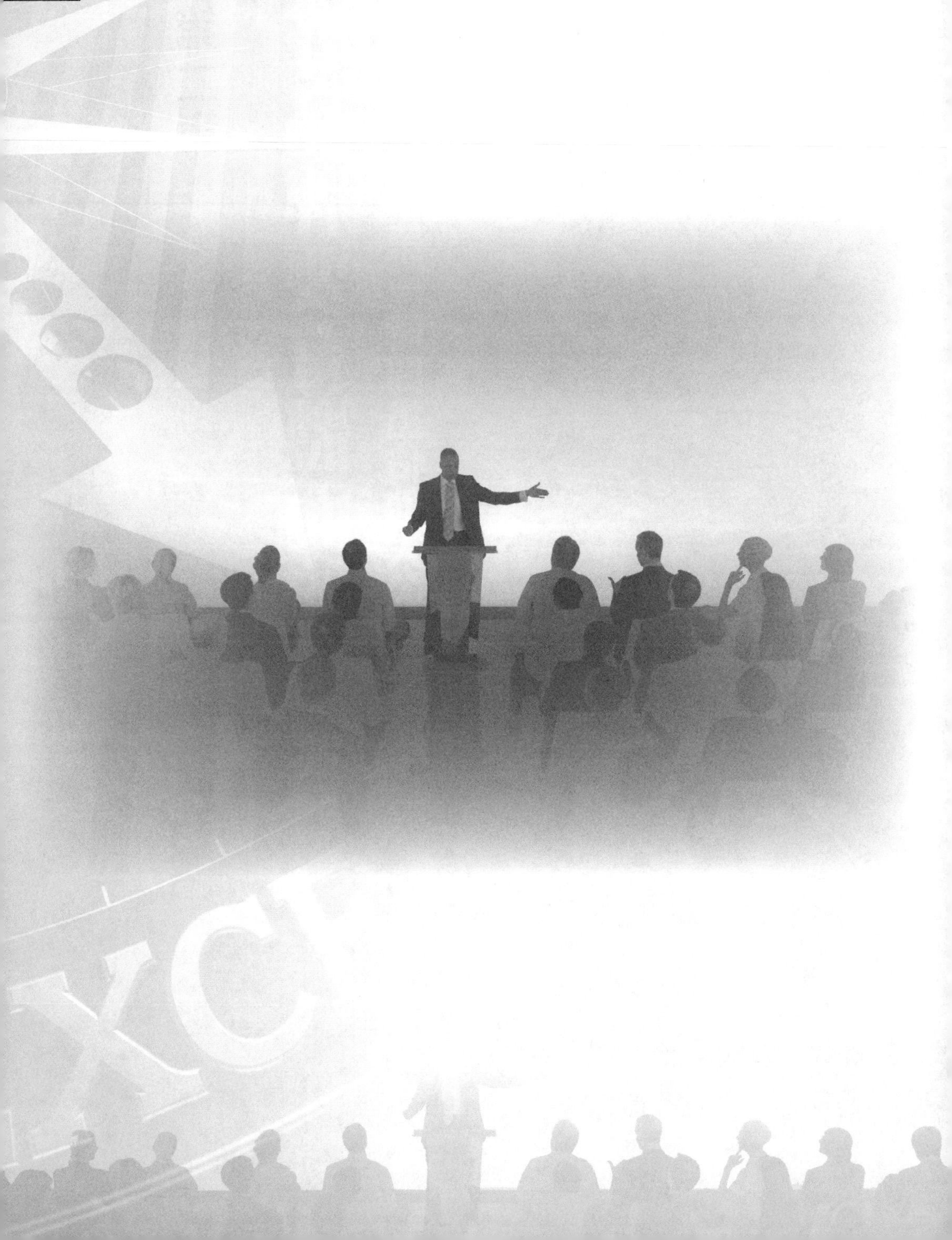

第二章

好品牌要有體面的包裝

優化形象，第一時間搶佔他人的目光

EXCE

1 文雅的舉止，給人帶來好感

做為一種不說話的語言，舉止不僅能在一定程度上反映一個人的修養和品德，還關係到一個人形象的塑造。生硬粗俗或者矯揉造作的行為舉止，會有損自身的形象，給他人留下不好的印象，而端莊文雅的行為舉止，則會給他人帶來好感，有利於自身形象的優化。

在諸多的行為舉止中，坐姿、站姿、走姿是最基本也是最常見的。為此，想優化自身形象，把自己經營成好品牌，首先一定要從這三方面入手，培養自己文雅得體的坐姿、站姿、走姿。

1、坐姿

正確的坐姿是一種靜態美，能夠展現一個人的氣質，給人深沉穩健、自然大方的印象。而一個坐沒坐相的人，就算在其他方面很優秀，也會因為不得體的坐姿而使自身的形象大打折扣。對想要把自己經營成好品牌的朋友來說，擁有正確、文雅的坐姿是一門不可忽視的必修課程。

由於人體的構造是腰椎前彎，胸椎後彎，脊椎略呈S型，所以標準的坐姿也應該符合這個生理弧度。

正確坐姿的具體要求是：

（1）遵循先後順序，入座時要輕而穩。一般情況下，入座的先後順序是客人先入座，接著主人再入座。如果在特殊情況下要求主客同時入座，也應該秉持著長幼有序的原則，請長者先坐。正式場合，應該從椅子的左邊入座，這樣既符合人們平時的方向習慣，也是基本的禮儀要求。

在入座的時候，不要只顧著自己坐，應環顧四周是否有自己熟識的人，如果有的話，則應主動向對方打招呼或者點頭致意，如果沒有熟人，也應該在與賓客目光交流時點頭示意。尤其是在公共場合，當你想要坐在別人身邊時，最好先詢問對方旁邊是否有人，確定是空位後再入座。

如果椅子擺放的位置不合適，應該先把椅子移到合適的位置再入座，不要坐在椅子上來回移動，這是不禮貌的行為。如果是女性，且穿的是裙子，應該先稍微攏一下裙襬再坐下，不要坐下之後再來回拉拽，這樣極不雅觀。

（2）入座後，神態平和自然，兩眼平視前方，兩肩自然放鬆，雙臂可放在椅子的扶手上。

如果是女性，且穿著裙子，建議雙手彎曲放在裙子上，以免走光，掌心向下。挺胸立腰，兩膝併攏，雙腳向左或向右斜放，兩隻腳併攏或者呈「V」字型，如果長時間端坐太累，可雙腳交叉重疊，但是上面的腳要向回收，腳尖朝下，這樣可以增加美感。至少要坐滿椅子的一半或者三分之二。與人交談時，可以側身坐，將上體和兩膝轉向對方。切忌兩腳分開、蹺二郎腿、打擺子、彎腰駝背。

男性入座時，雙腳可平踏地面，兩膝之間可以稍微分開一點，雙手分別放在雙膝上。在正式的場合下，兩腳之間可留有一個拳頭大小的距離。在休閒娛樂場合，可以適當蹺腳，但不宜蹺得過高或者抖動。

（3）坐姿禁忌很多，主要禁忌是雙腿叉開太大、不停抖腳、腳尖指向他人、用手觸摸腳部、將腳放在桌椅上、雙手亂放等等。男性、女性朋友都應盡量避免。

此外，在起身離座時，要從容穩當，右腳往後收半步再站起來。

坐姿如果不正確，不僅影響美觀，而且很容易引起腰痠背痛，嚴重的還會得脊椎病。不過，掌握了上面的坐姿訣竅，這些問題就會一一化解。

2、站姿

站立是人們日常生活交往中最基本的舉止之一，良好的站姿是其他動態美的基礎。同樣，得體的站姿也是文雅舉止的前提。

雖然不同的場合對站姿的要求不盡相同，但是做為一種常見的姿勢體態，站姿的基本要求是一致的。標準的站姿應注意：

（1）頭要擺正，兩眼向正前方平視，嘴微微閉合，下頷微收，脖頸挺直。

（2）雙肩放鬆，兩臂自然下垂，中指輕輕貼在褲縫上，兩手放鬆。
（3）挺胸收腹，脊柱、後背挺直，立腰。
（4）髖部向上提，雙腳併攏立直，大腿內側夾緊，兩膝相併，腿部肌肉收緊。
（5）兩腳跟靠近，腳尖張開呈四十五度至六十度角，使身體重心落在兩腳正中。

按照以上要求反覆訓練的同時，朋友們還應注意站姿中的一些禁忌，比如駝背、斜肩、身子總是不停地左右搖晃、雙手交叉抱於胸前等等。掌握站姿的基本功，避免相關禁忌，會使你形成正確健美的站姿，給人留下成熟穩重、自信樂觀、積極向上的印象，而且也非常有利於身體健康。

3、走姿

走姿算得上是站姿的後續動作，是在站姿的基礎上進行的。在現實生活中，走姿往往是最引人注意的身體語言，能很好地展現一個人的精神面貌。

那麼，在日常生活中，朋友們應該如何來練就正確得體的走姿呢？這裡，我們不妨先來瞭解一下標準走姿的要領：

（1）正確的走姿應該在標準站姿的基礎上進行的，所以，應該以保持標準站姿為基礎，同時保持步履從容、平穩。
（2）在走的時候，頭要抬起，兩眼平視前方，頸部要伸直，下頜向內收，臉上保持微笑。

（3）雙肩不要左右搖擺，兩臂放鬆，自然下垂，手指併攏，手心向內。兩手前後協調擺動，前擺向裡約三十五度，後擺向外約十五度。

（4）身體挺直，保持平穩，不要左搖右晃，以腰為軸，帶動雙腳前行。

（5）膝蓋要伸直，身體重心落在前腳掌，腳尖直指正前方。跨步要均勻，兩腳之間的距離為一隻腳到一隻半腳。

只要在日常走路的過程中注意以上基本要領，你就能保持正確的走路姿勢。當然，和坐姿、站姿一樣，走姿中也存在一些禁忌，朋友們應該給予充分的重視，不要讓這些不恰當的舉止損壞了自己的形象，比如內八字、外八字、含胸彎腰駝背、歪肩擺臀、頭部向前伸、踢腿走、一邊走路一邊對路人指指點點、壓著腳走、雙手搖擺幅度過大、走路磨地面或者膝蓋和腳踝邁步時打彎等等。

【掩卷深思】

除了坐姿、站姿、走姿以外，舉止還包括你生活中的一舉手一投足，想要優化形象的朋友，要在日常生活中注重自己的一言一行，培養自己文雅的舉止，以便留給他人良好的印象。

2 讓生動的手勢語言豐富自己的形象

如果說眼睛是人類靈魂之窗，那麼說手是人類心靈的觸角並不為過。在人際交往溝通中，我們與他人之間傳遞的情感資訊，有一半以上是來自肢體語言，比如點頭、微笑、眨眼、皺眉、招手、揮手等等，而在各式各樣、種類繁多的肢體語言裡，手勢語言又佔有極其重要的地位。它不僅可以幫助人們更有效地表達自己內心的想法，更便捷地向對方傳達自己的意思，而且還可以反映一個人的修養和性格。

著名的奧地利作家茨威格就曾說過：「在洩露感情的隱密上，手的表現是最無顧忌的。」的確，在日常生活中，一個不經意的手勢便可以展現一個人內在的涵養和素質。而生動恰當的手勢語言，往往能夠豐富一個人的形象，增添其個性魅力。

試想，現實生活中，一個手勢優雅、舉止文明的人，和一個手勢粗俗、舉止不雅的人，誰更具有良好的形象？誰更能博得他人的好感呢？

答案不言自明。

既然手勢語言有如此不容小覷的作用，並且關係到一個人的內涵和形象，那麼想要把自己經營成好品牌的朋友，就應該著眼完善自己在這一方面的表現，讓自身的魅力由內而外地自然地流露出來。

在這一學習完善的過程中，朋友們首先要瞭解使用手勢時，務必遵循的幾點原則：

1、使用手勢應大方得體

手勢是一種傳情達意的特殊溝通方式，在日常生活中的應用極其廣泛。和言語交談不當會引起他人反感、不悅一樣，如果使用手勢不恰當或者與自己的身分不符，顯得扭扭捏捏、矯揉造作，也會給雙方的溝通交流帶來不利的影響，並且會給他人留下沒有涵養、沒有素質的不良印象。所以，朋友們在使用手勢時，一定要大方得體生動。

2、使用手勢要簡單精確

做為肢體語言之一，手勢是一種無聲的語言，其所包涵的內容和表達的意思也豐富多樣。因此，在實際操作的過程中，很容易因為一些極細微的變化而表錯意、達錯情。所以，在使用手勢的時候，朋友們一定要做到精確無誤，並且盡量使用比較簡單易懂的手勢，以免引起他人誤解或者造成溝通上的障礙。

3、使用手勢要入鄉隨俗

因為歷史傳統和文化背景不同，在不同的國家，相同的手勢也會存在不同的意思，甚至會出現意義完全相反的情況。比如比較常見的豎起大拇指的手勢，在中國、臺灣是代表「真棒」、「做得好」、「讚」，表示贊同和支持的意思；在北美，豎起大拇指表示要求搭便車；在澳大利亞，如果豎起大拇指並且上下擺動，就相當於在對他人說「他媽的」等不敬用語，很容易被當地人誤解而發生不愉快的事情；在尼日利亞等地，豎起大拇指是一種非常粗魯的行為，需盡量避免使用；在德國和日本，豎起大拇指多用於計數，在德國大拇指代表「L」，而日本則表示「5」。

身處不同的地方、面對不同的人群時，也要根據具體情況來選擇使用相應的手勢，以免引起一些不必要的誤會和麻煩。不僅如此，使用生動得體的手勢，還會在無形之間提升自己的涵養和素質，優化自身的形象。

下面，我們就來學習幾種常見的文明手勢語——

1、直臂式

在引導他人走到指定位置時，有涵養和素質的人都會採用直臂式的手勢。這種手勢的動作分解為：肘部微微彎曲，五指併攏，手掌自然伸直，從身前向對方要去的方向抬起，停在與肩同高的地方。需要注意的是，在幫他人引路時，千萬不要用一根手指來指點，這樣會顯得很沒有禮貌。

2、前擺式

當接待客人時，如果手裡拿有一些東西，則可以用單手做簡單的前擺式。做這個手勢，應以肩關節為軸，手臂稍微彎曲，手指併緊，從體側抬起伸直的手掌，停在與腰同高的地方，並向右方擺出。動作應輕緩優雅，同時要面帶微笑目視客人。

3、斜擺式

該手勢適合請人入座時使用，它的動作很簡單，就是將手從身體一側抬起，與腰部同高時，再向下擺出，使大小臂呈一條斜線。

4、橫擺式

這種手勢多在表示「請進」、「請」等意思時使用，實際操作時，應以肘為軸，微微彎曲，使腕低於肘，五指併引緊，手心向上，手掌伸直，從腹部向前同時向上慢慢地抬起，並且朝一旁擺出，頭部和上身可伴隨這個手勢稍微向伸出手的那一側傾斜，而另一隻手則可自然下垂。當然，與之同時進行的還有不可或缺的微笑，這樣才能讓對方覺得自己得到了尊重和歡迎

5、雙臂橫擺式

當面對的人群比較多時，用橫擺式手勢來一個一個表示迎接顯然是不可取的，很可能導致手忙腳亂的局面。這種情況下，最好的應對手勢是動作幅度比較大的雙臂橫擺式手勢。

相對於橫擺式來說，雙臂橫擺式是兩臂同時進行的，它的動作可以簡單化，只要兩肘微微彎曲並向

上抬，朝身體兩側擺出就可以。需要提醒一點的是，引導方向的那側手臂應高於另一側手臂，並且保持筆直，而另一側的手臂則可以稍微彎曲一些。

除了掌握使用手勢的原則以及常見的文明手勢外，朋友們還應該在日常生活中有意識地避免一些手勢禁忌，比如勾動手指招呼他人、對他人指指點點、豎中指或者小拇指、一邊與人交談一邊抓耳撓腮、一邊說話一邊打響指等等。這些手勢中的禁忌不僅會招人反感，讓自己的形象大打折扣，而且還很有可能引發不必要的麻煩。所以，對於想要優化形象的朋友來說，這些手勢中的禁忌都是要嚴厲杜絕的。

【掩卷深思】

手勢語言是人類在漫長的進化過程中形成、發展起來的一種非常特殊的溝通交流方式，它不僅能夠輔助人們充分表達自己的想法，增強語言的表現力和感染力，幫助人們在語言不通的情況下傳遞資訊，還能展現一個人的內涵和修養，豐富一個人的形象，提升一個人的品牌價值。

所以，在日常的人際交往中，一定要使用文明得體的手勢語言，這樣，才能優化形象，第一時間搶佔他人目光。

3 得體的握手禮，讓你形象大加分

當你在與他人見面時，你會用什麼方法來表達自己的熱情和友好呢？熱烈的擁抱？禮貌性的點頭微笑？言語上的寒暄致意？友好和善的握手？

不管你採用哪種方法，都不得不承認，握手是我們日常生活中最普遍、最通用的見面禮。而做為一種禮儀，握手禮在人際交往中的作用是不容小覷的。

使用恰當得體的握手禮，不僅能有效地表達出自己的熱情和友好，加強他人對你的信賴感，而且還能讓你的品牌形象大加分。如果握手禮使用不恰當，則很有可能給他人留下缺乏教養、沒有素質的印象。這樣的話，你把自己經營成好品牌的夢想也就無從談起了。

可見，看似簡單的握手，蘊含著豐富的資訊和繁複的禮儀細節。如果朋友們想要優化形象，第一時間搶佔他人的目光，就要在日常生活中掌握得體的、讓對方心生好感的握手禮。

那麼到底什麼樣的握手禮才算是得體的，才能讓自己的品牌形象大加分呢？這裡，我們不妨一起來對握手禮進行一個全面的瞭解，讓優雅得體的握手禮來優化自己的品牌形象。

首先，朋友們要掌握握手的正確姿勢。

正確的握手姿勢是：在距離對方一米左右處立定（既不要相距過近，也不宜過遠），上身稍微往前傾斜，頭部微低，伸出四指併攏、拇指分開的右手，與對方的手掌相握（相握的手掌應與地面垂直），輕輕搖動後再鬆開。

其次，朋友們應明確行握手禮時要注意的細節。

1、握手的手勢

在與人握手時，務必要用右手，就算是「左撇子」也應該用右手來握，這是世界各地通用的慣例。伸出的右手手掌應與地面垂直，手心朝上或者向下都是不合適的。

2、握手時伸手的先後順序

在與他人握手時，伸手的先後順序多遵循「位尊者為先」的原則。

所謂「位尊者為先」，就是指位尊者擁有握手的主動權，能夠決定雙方是否有握手的必要。在社會角色不斷轉變的情況下，這個「位尊者」的界定標準也並不是一成不變的，而是在不同的場合有著不同的定位。

在純粹的社交場合中，「位尊者」由高到低的判斷順序應該是：性別—主賓—年齡—婚否—職位。

也就是說，社交休閒場合裡，與他人握手決定伸手的先後順序時，首先要考慮的是性別因素。如果是男女之間，則女性是「位尊者」，擁有是否願意與男方握手的主動權。只有女方伸手後，男方才能伸手；如果是男男之間或者女女之間握手時，性別判定因素便失效，接下來的判斷標準則是主賓關係。這時，主人是「位尊者」，只有主人伸手後，客人才能伸手；如果兩者都是客人，則應按照年齡來判斷。年齡相對較大的是「位尊者」，只有年長者先伸出手後，年輕一些的才能伸手；如果兩者年紀相仿，則根據婚否來判斷。已婚者是「位尊者」，應先伸出手向未婚者表示友好；如果兩者都是已婚或者未婚，則應該按照職位來界定，職位較高的人是「位尊者」，擁有握手的主動權。

在工作、商務場合中，「位尊者」由高到低的判斷順序為：職位—主賓—年齡—性別—婚否。首先根據職位來界定，上級是「位尊者」，應該先伸手，表示對下屬的尊重和關愛。以此順序類推，在主賓關係中，主人應該先伸出手，表示對客人的歡迎；按照年齡來判斷時，長輩應該主動伸手，表示對年輕同事的鼓勵和關懷；根據性別來界定時，女性應先伸手，給人大方、幹練的職業形象；憑藉婚姻狀況來判斷時，已婚者應該先伸出手。

現實生活中，我們都應該在行握手禮時遵循這一先後順序。但如果本該後伸手的那一方主動向你伸出手時，你也不應該斷然拒絕，而應為了禮貌起見做出回應；如果本該先伸手的那一方並沒有主動伸出手來，你也應向對方點頭或者鞠躬，以表敬意。

除此之外，朋友們還應注意，在被介紹之後，最好不要立即主動伸手；在送別客人時，應該等客人先伸手告別，不要自己先伸手，否則會讓客人誤認為你在對他下逐客令；如果需要和很多人握手時，則應遵循先長輩、後晚輩，先女士、後男士，先主人、後客人的順序。

3、身體姿勢

不管在什麼場合，也不管對方的地位或者年齡如何，都應該在起身站穩、站直後再與對方握手（坐著與他人握手是不禮貌的行為）。握手時，上身應略微向前傾斜，行十五度的欠身禮，抬起的右手手臂應高度適中。

4、握手的時間

與他人握手，持續時間不宜過長也不宜過短，通常以三秒鐘為宜，輕輕地上下搖動兩三次即可。如果握手時間過長，遲遲不放開對方的手，則很容易引起對方尷尬；如果握手時間過短，稍微一碰就立刻收回來，就會顯得你拘謹膽怯，不夠大方。

5、握手的力度

握手力度的輕重應根據與對方的熟悉程度來確定。和剛認識還不是很熟悉的人握手時，力度應稍微輕點，但也不能綿軟無力，否則會顯得毫無生機；和比較熟悉的人握手時，力度則應該稍重點，但也不能用力過猛，否則會顯得魯莽、不穩重。總之，一定要協調好這個力度。

6、行握手禮時的臉部表情

在與他人握手時，臉部應保持微笑，這樣會使氣氛更加和諧融洽，給他人留下良好的印象。

7、與人握手時的眼神

在行握手禮時，應注視著對方，切忌眼神游離不定，如果總是東張西望、左顧右盼，就會讓對方覺得你不尊重他，對你的印象也會大打折扣。

再次，朋友們還應該瞭解與他人握手時的禁忌，避免下列錯誤在自己身上發生：

（1）切忌伸手過慢。與他人握手時，伸手過慢會讓對方誤以為你不願意和他握手，因此，在對方伸出手時一定要及時做出回應。

（2）切忌跨著門檻握手。

（3）在多人同時握手時，切忌交叉握手。交叉握手是非常失禮的行為，應該按照順序與他人一一握手。

（4）切忌與他人握手後，便立即拿紙巾或者手帕擦手。

（5）切忌握手時左右搖動。

（6）切忌在手不乾淨或者患有疾病的時候與他人握手。這種情況下，應該禮貌地向對方說明情況，表示歉意並請求原諒。

（7）切忌在對方還沒有準備好的情況下，強行握住對方的手。

【掩卷深思】

在社交過程中，握手是一種非常普遍的禮儀。正確得體的握手禮不僅會讓對方心生好感，而且也會在無形之間讓你的形象大加分。

所以，想要把自己經營成好品牌，就一定要在日常交際中使用恰當得體的握手禮，以優化自身的形象，在第一時間搶佔他人的目光。

4 名片是你的第二個門面

做為現代人的社交聯誼卡，名片是我們的第二個門面。雖然從外觀看，它僅僅只是一張又小又薄的卡片，但是它的作用卻非同小可。

從某種意義上來看，你將自己的名片遞出去，其實就是在打造個人品牌，「行銷」自身的價值，讓大家記住你。可以說，名片是一種具備強大表現力，又成本低廉的「行銷推廣媒介」。

基於這一點，朋友們一定不要忽視名片的選擇，以及名片在人際交往中的使用，這其中，是有許多講究的。

1、名片的材質

製作名片的材質很多種，一般包括紙質、PVC卡、金屬等等。

在名片材質的選擇上，朋友們應該根據自己的喜好以及身分地位而定。切不可愛慕虛榮，為充門面而選用不符合自己身分，或者過於昂貴的材料，來製作自己的名片。比如白金名片、黃金名片、電子名片等等。

在現實生活中，還是以紙質名片居多，如果考慮到環保，朋友們還可以選用再生紙，來做為名片的材料。

2、名片的尺寸

名片的尺寸也是有講究的，大小都是有規定的。一般來說，名片的標準尺寸是5.4cm×9cm。現實生活中，有些人為了顯示自己的個性，突出自己的名片，而把自己的名片弄成超大或者迷你型的，這對人己都是不方便的，過大不好存放，過小又容易遺失。

所以，在名片的尺寸上，朋友們最好還是循規蹈矩，按照規定的尺寸來製作。需要注意的是，上面說到的5.4cm×9cm是國內名片的規格，在外國，名片常見的尺寸是6cm×10cm。

3、名片的顏色

一般來說，一張名片所包含的顏色應控制在三種之內。顏色太多，容易給人雜亂、花俏的感覺，讓他人覺得你是一個華而不實、不可靠的人。

所以，名片的顏色能少則少，一般是紙張一個顏色，字體一個顏色，最多再加一個徽記，這是比較標準的。

4、名片的內容

名片的內容主要包括幾方面資訊：自己的姓名、所在企業、職務、聯繫方式等。

在格式的佈局上，一般遵循以下規格：所在企業放在名片的左上角。編排的時候，應注意先寫企業全名，然後寫所在部門，最後放企業象徵圖。名片的正中間寫自己的稱謂，首先寫姓名，然後寫職務，最後寫學術技術職稱。聯繫方式寫在名片的右下角，寫的時候要注意，首先寫地址，然後寫郵遞區號，最後寫辦公室電話。

在瞭解了標準名片的基本要求後，朋友們還應該學會基本的名片禮儀：

1、遞名片

在將自己的名片遞給他人的過程中，有很多細節是需要注意的，其中蘊含著很大的學問：

（1）把握遞名片的時機

遞交名片給他人是需要分時機與場合的，並不是說隨時隨地都可以，應把握好時機。一般來說，在你希望得到對方的名片、希望引起對方的注意、希望認識對方或者對方給自己名片，初次見面相互認識的時候，是遞名片的好時機。

（2）遞名片禮儀須知

在將自己的名片遞給他人的時候，應該起身站立，雙手握名片，將名片正面朝上遞給對方，與此同時，還應該說幾句寒暄的話，比如「很高興認識你」、「多多關照」、「常聯繫」等等。需要注意的是，如果對方是外國人，那麼在遞名片的時候應該將印有英文的那一面朝上遞給對方。

2、接名片

接收他人遞給自己的名片時，朋友們也應該注意相關的禮儀，如果處理得不恰當，很容易引起他人的誤會，以為你輕視或者不尊重他。

當別人遞給自己名片時，應該站起來，目視對方，並用雙手接過對方遞給自己的名片。接過對方的名片後，應認真地看一遍，以表示對對方的尊重，切忌拿在手裡把玩或者隨便亂放。

3、索要名片。

當你想索要他人的名片時，應該使用禮貌恰當的方法。如果對方是長輩，那你應該恭敬地詢問對方：「今後如何向您請教？」如果對方與你同輩或者是你的晚輩，那你可以禮貌地說道：「今後應該怎樣聯繫？」

4、存放名片

名片不應隨地亂放，應該用專門存放名片的名片包來保存，這樣既便於管理，也方便隨身攜帶使用。

5、管理名片

如果名片過多，那麼找起來就會比較麻煩。為了便於尋找，朋友們在存放排列名片時，可以採用以下幾種方法：按姓名拼音字母排列；按部門、專業排列；按國家、地區排列；按姓名筆劃排列等等。

相信掌握了名片的選擇使用以及相關禮儀後，朋友們一定能透過這第二個門面，來優化自身的形象，在第一時間內獲得別人的好感。

【掩卷深思】

名片是一個人身分地位的象徵，也是一個人的第二形象，所以，想要把自己經營成好品牌，一定要正確選擇使用名片，掌握名片禮儀，充分發揮名片的作用。將名片這位「得力助手」打造得更完美，你的品牌形象也會隨之變得更好。

5
微笑是最好的名片

微笑是最好的名片，也是世界上最具魅力的表情。看到這裡，可能會有很多人表示異議：「微笑真有這麼重要？」如果存有這種懷疑，你不妨先看看以下關於微笑的名言。

瑞士詩人卡爾．施皮特勒：「微笑乃是具有多重意義的語言。」

中國著名導演張藝謀：「美麗的微笑，國際通用。」

西方諺語：「只有微笑說話的人，才能擔當重任。」

印度詩人泰戈爾：「人類微笑時，世界便愛上了他。」

美國超級名模辛蒂．克勞馥：「女人出門如果忘了化妝，最好的補救方法便是亮出妳的微笑。」

由此可見，微笑確實擁有著無窮無盡的魅力，是每個人最好的名片。尤其是對想要提升個人品牌價值的你來說，微笑更是非常有效的名片，它是增添個人魅力的法寶，比高檔的化妝品、華麗的衣服更吸引人。

微笑不像狂笑那樣，給人一種樂極生悲之感，不像大笑那樣，容易使人覺得張揚，不像冷笑那樣，給人生冷淡漠之感，不像淺笑那樣，容易使人覺得小氣，不像諂笑那樣，給人虛情假意之感，更不像陰笑那樣，讓人毛骨悚然。

微笑是盛開在人們臉上的美麗花朵，有著無窮的魅力，散發著沁人心脾的芳香；微笑是和煦的春風，化解嚴冬的寒冰，使人感到溫暖、親切，讓所有的不滿與冷漠都冰消瓦解；微笑是一道陽光，照亮人們內心黑暗的角落，驅除心底的陰霾；微笑是清澈的甘泉，滋潤了人們日漸乾涸的心田。

簡單的一個微笑，包含著豐富的內涵。在你身處順境時，微笑是對成功的褒獎；在你身處逆境時，微笑則是對失敗的鼓勵。

總之，一個經常面帶微笑的人，在任何場合都是非常受歡迎的。

有這樣一個關於微笑的故事：

在一個小鎮上，有一個富翁，他雖然有很多的錢，但是一點也不快樂。

有一天，富翁像往常一樣悶悶不樂地走在路上。這時，一個小女孩從對面走過來，小女孩看到富翁，對他露出了一個純真的微笑。富翁看到小女孩如此清澈的微笑和純真的面孔，心中的陰霾立即煙消雲散，豁然開朗起來。

這個富翁心想：「我為什麼不高興呢？如果能像這個小女孩一樣微笑該有多好啊！」

第二天，這個富翁決定離開這個小鎮去追尋自己的夢想與快樂。臨走前，他給了這個女孩一筆鉅額財產。鎮上的人知道這個消息後，都覺得非常奇怪，便紛紛問這個小女孩：「妳和這個富翁認識嗎？」小女孩搖了搖頭。

「既然不認識，那他怎麼會無緣無故地送妳這麼一大筆錢呢？」

小女孩天真地笑著回答：「我什麼都沒做，也什麼都沒說，我只是對他微笑而已。」

一個簡單善意的微笑，卻換來了意想不到的鉅額財富，這不能不讓人驚嘆微笑的魅力。

喜劇大師斯提德曾這樣說過：「微笑，它不花費什麼成本，但卻創造了許多的價值。微笑使接受它的人變得富裕，卻又不使給予的人變得貧瘠。微笑在一剎那間產生，卻給人留下永恆的記憶。」故事中小女孩天真無邪的微笑，點燃了富翁生活的熱情，喚醒了富翁的理想和追求。可以說，小女孩的微笑幫她打造了一張最好的「名片」，讓她在無意間提升了自己的品牌形象和品牌價值。

在經濟學上，微笑是一筆巨大的無形資產；在心理學上，微笑是消除他人戒心、說服他人的心理武器；在人際交往上，微笑是自己最美最好的「名片」。

威廉・懷拉原本是美國著名的職業棒球明星，四十歲時因為體力不濟，被迫告別體壇另謀出路。

在去應徵保險公司銷售員時，威廉心想憑自己的名氣一定沒有什麼問題。然而結果卻出乎意料，人事部經理拒絕威廉道：「做為一名保險公司的推銷員，必須擁有迷人的微笑，這是最基本的工作素質，但是你沒有。所以，很抱歉，我們無法錄用你。」

受到拒絕的威廉並沒有因此氣餒，而是下定決心像練習棒球一樣，苦練微笑。他無時無刻不在笑，剛開始家人和鄰居還誤以為他因失業而神經錯亂了。為了避免誤解，威廉只好把自己關在廁所裡練習。

經過一個月的練習，威廉跑去找保險公司的人事部經理，當場展開笑臉，可是得到的卻是冷冰冰的一句：「很抱歉，還是不行！」

威廉並未洩氣，回家依舊埋頭苦練，他搜集了許多公眾人物的微笑照片，貼滿整個房間，以便隨時觀摩。

過了一段時間，威廉又跑去見人事部經理，然而得到的答案和上次一樣：「好一點了，但還是不夠吸引人。」

威廉生來就是倔脾氣，仍不認輸，繼續回家苦練。

有一次，威廉在路上碰到一個老朋友，他非常自然地笑著和對方打招呼，對方驚訝地對他說道：「威廉先生，有一段時間沒見您了，您變化真大，看起來和過去判若兩人。」

聽到這句話後，威廉欣喜若狂，他馬上跑去見人事部經理，笑得很開心。「你的微笑有點味道了，但還不是真正發自內心的那種笑。」經理指出。

威廉不死心，又回家苦練了一段時間，最終如願以償，被保險公司聘用。

此後，威廉憑藉自己「迷人的、發自內心的，如嬰兒般天真無邪的微笑」吸引了許多客戶，成為全美銷售壽險的頂尖高手，年收入突破百萬美元。

微笑不僅在生活中至關重要，而且在工作中也有著非常重要的正面影響。有位智者就曾說過這樣一句話：「你的臉是為了呈現上帝賜給人類最貴重的禮物——微笑。一定要讓它成為你工作中最大的資產。」威廉便是這句話忠實的踐行者，他之所以能夠成功，就是因為練就了令客戶無法抗拒的微笑。

這也說明，迷人的微笑並不都是天生就有的，可以透過後天練習來獲得。但是，務必記住，微笑的時候一定要是發自內心的、真誠的，因為矯揉造作的笑不但不能帶來美好，反而會破壞你原本的形象。

「你擁有了微笑，你就同樣擁有了成功。」這句話一點也不假，微笑是你最好的名片，是前進時披荊斬棘的有力武器，也是你提升自身品牌價值、最終走向成功的法寶。

今天，你微笑了嗎？

【掩卷深思】

微笑是最好的名片，相對於現實生活中，那些製作精美的名片來說，微笑更能打動人，給人留下深刻的印象。

正因爲蒙娜麗莎擁有令人著迷的神祕微笑，達文西的這幅畫，才能成爲全世界的藝術瑰寶；正因爲擁有「全日本最自信的微笑」，原一平才能成爲「日本的推銷之神」。

所以，想要把自己經營成好品牌，一定要學會，用微笑這一最好的名片來包裝自己。

6 用自信且令人愉悅的語調與他人交流

與他人交流是每個人生活中必不可少的一部分，而交流的方式和語調則因人而異，也正因為如此，與他人交流的方式和語調，往往能反映出一個人內心的各方面，尤其是交流的語調，更能展現一個人的精神面貌、個性性格。

為了給他人留下一個良好的形象，朋友們就應該注意，從說話的語調上來包裝自己，用自信且令人愉悅的語調與他人交流。

那麼，到底什麼樣的說話語調既能突顯內在的自信，在第一時間內將自己的所思所想準確無誤地傳達給對方，又不致引發不悅、破壞氣氛呢？

這裡有以下幾點建議：

1、語速一定要適中，快慢結合

較快的語速一般是用來表達急切、興奮或者震怒等突發性感情，爆發力比較強。與人對話，如果語速過快，會使對方產生亢奮或者緊張的心理。

不僅如此，過快的語速還會阻礙交流的順利進行，往往一句話還沒有說完，對方還沒來得及理解消化，就連珠炮似的跳到了下一句，這樣會使對方不能很好地領悟你所要傳達的意思，不利於雙方溝通交流。

另外，說話語速過快，容易給他人留下一種心浮氣躁、不夠沉穩的形象。

當然，語速過慢也是不合適的。雖然緩慢的語速、慢條斯理的節奏，可以讓對方清晰地領悟理解你的話中意，但是過慢的語速往往會影響到對方談話的興致，不利於交流愉快地進行。

所以，與人交流時，要嘛簡明扼要，要麼直奔主題，不要過於慢條斯理，因為有些時候，慢就意味著沒有效率，很容易讓人產生懈怠的感覺。

最好的語速就是不緊不慢，快慢交替，做到快中有慢、慢中有快、快而不亂、慢而不拖，抑揚頓挫、張弛有度。

2、音量要保持適中

不管你是要試圖說服對方接受你的意見，還是想讓對方將注意力轉移到你的身上，你都不應該透過大吼大叫來達到目的。如果你這樣做，不僅會給對方一種咄咄逼人的感覺，顯得你很沒有修養，而且會讓你的形象大打折扣。

由此可見，自信、令人愉悅的聲音，並不是透過大嗓門、高分貝來實現的，而是應該保持在一個平衡度上，既能夠保持讓對方聽到，又能讓對方聽得進去。

3、內心要確立堅定的信念，言語鏗鏘有力

有些朋友說話軟弱無力、毫無底氣，給人精神萎靡、消極自卑的印象。這樣的人，往往內心虛弱，意志不堅定。而一個具有堅定意志和信念的人，說話絕對不會軟弱無力、閃爍其詞。

要想自信地與他人交談，優化自身形象，朋友們一定要堅定自己的信念。

4、說話聲調的高低要富有變動性

在與人交流的時候，我們最常提及的內容就是個人的興趣愛好以及最近關注的事情。說到這些的時候，有些人難免會興高采烈、神采飛揚，甚至還可能情緒失控，這顯然是失禮的做法。其實，在傳達自己的想法時，不必非要喜形於色。

正確的做法應該是盡量控制自己的表情，不要得意忘形，應學會用抑揚頓挫的聲調，來表達自己的興趣和熱情，準確無誤地來表達你不斷變化的情緒。

5、說話的聲音高低要適量

尖銳刺耳的聲音要不得，容易刺激人的神經，導致神經過度緊張，同樣，過於低沉粗重的聲音也不可取，容易麻痺人的神經。

6、說話的聲音要力求和諧優美

有些朋友本身音質還不錯，但是一旦情緒激動或者發起脾氣，聲音就會變得尖銳刺耳。這種聲音無異於雜訊污染。為了不損壞自身的形象，朋友們在任何場合都應該控制好情緒，說話聲音要力求和諧優美。

【掩卷深思】

在與人交流時，語調總能透露出你的態度和觀點，讓對方在第一時間瞭解到你的個性。所以，想優化形象，把自己經營成好品牌，一定要學會用語調來包裝自己，學會用自信且令人愉悅的語調與人交流。

7 用真誠的讚美擄獲人心

美國總統林肯曾說過：「每個人都希望受到讚美。」對此，著名的哲學家、心理學家威廉．詹姆士深有同感，他說：「人性最深切的渴望，就是獲得他人的讚美。」

的確，在潛意識裡，任何人都渴望得到他人的讚美。對每一個被讚美者來說，他人的讚美是對自己的肯定，將給自己帶來終生難忘的美好記憶以及繼續奮鬥的動力。

讚美對人心靈的作用，就像陽光對於萬物生長所發揮的作用。正因為讚美有如此神奇的功效，在現實生活中，一個善於讚美他人的人，往往更能得到他人的好感，受到他人的歡迎。因此，對想要提升自己的朋友來說，學會讚美他人，也是經營過程中必不可少的一門課程。

隋煬帝楊廣的皇后蕭美娘，可以說得上是中國歷史上的一朵奇葩，她曾歷經六主而不衰，無論是做為宇文化及的淑妃、竇建德的寵妾、突厥兩任可汗的王妃，還是唐太宗李世民的蕭昭容，她都備受寵愛。而這與她深諳讚美之道不無關係。

唐太宗李世民即位期間，勵精圖治、崇尚節儉。但蕭皇后剛進宮時，唐太宗見她性感嫵媚、風韻猶存，不由得對她生出了愛慕之情，便破格為蕭皇后舉行了一場盛大的歡迎宴會。

皇宮裡張燈結綵，輕歌曼舞，觥籌交錯。唐太宗自以為這樣的場面已近奢華了，便有些得意地問身邊的蕭昭容：「和妳以前在隋朝皇宮的時候相比，愛妃覺得這場面是不是更隆重啊？」

一直勤政廉潔的唐太宗哪裡想像得到，那時的隋煬帝窮奢極慾，在夜晚，皇宮裡都不點燈，而是在走廊上懸掛一百二十顆碩大的夜明珠，院子裡再點上幾十座火焰山，燃燒的原料都是上百年的檀香，各種奇異珍貴的香料，煙霧繚繞，香氣瀰漫，猶如仙境。

跟隋煬帝那時候相比，現在的這個排場簡直不值一提。對於唐太宗這個問題，如果奉承地回答說是，那顯然有失偏頗，但如果如實地回答說不是，又恐惹怒君顏，且辜負了唐太宗的盛情美意。

這確實是一個難以回答的問題，但對善於讚美他人的蕭昭容來說，卻恰恰是贏得唐太宗好感的好機會。蕭昭容深知唐太宗是一個節儉愛民的賢君，就微笑著回答道：「陛下乃開基立業的賢明之君，臣妾怎能拿亡國之君來與您相比呢？」

蕭昭容對唐太宗的這一句讚美，不僅讓唐太宗明白了其中的含意，而且也加深了唐太宗對自己的好感和疼愛。

就這樣，蕭昭容憑藉著自己的智慧和讚美之道，在大唐後宮度過了十八年平靜安逸的時光，終得善終。

從上面這個事例中，我們可以看出，蕭美娘之所以能有如此大的魅力，當然和她自身的美貌是分不開的，但是在美女雲集的皇宮，美貌並不足為奇，而蕭美娘能夠從中脫穎而出，與她懂得讚美他人有著很大的關係。

當然，人各有異，每個人的性格、外在、心理、思維方式、所處環境都不一樣，對讚美的需求和接受方式也會不同，因此，朋友們在讚美他人時，一定要具體問題具體分析。

王東杰在市中心開了一家服裝店。

有一天，店裡來了兩位女顧客，其中一位女顧客身材很高，另一位女顧客雖然個子比較矮小，但是身材卻非常苗條。

經過一段時間的仔細挑選後，身材高挑的女顧客看中了一條雪紡布料的長裙子，試穿上後便徵詢同伴的意見，身材矮小苗條的女顧客，看了看說道：「這條裙子的款式有點過時了，還不如剛才被妳放下的那件呢。」

身材高挑的女顧客聽了之後，臉上露出了不悅之色，有些不高興地回答道：「不行不行，那件衣服的顏色太老氣了！我不喜歡。」

站在一旁的王東杰聽到兩人的對話後，面帶微笑地對身材高挑的女顧客說：「您挑選的這條裙子的質地、做工都很好，顏色也很襯妳的皮膚，妳穿上去特別顯現氣質。」身材高挑的女顧客聽了之後，臉上的烏雲頃刻散去，並且露出了高興的表情。

這個時候，王東杰又不失時機地挑選了另外一件衣服，對身材矮小苗條的女顧客說：「您可以試一試這件衣服，它的修身效果特別好，簡直就是為妳這種嬌小苗條身材的女性量身定做的。」身材矮小苗條的女顧客聽了王東杰的讚美後，也非常開心地接過衣服試穿了起來。

在王東杰的引導下，兩位女顧客都對自己試穿的服裝很滿意，最終都買了下來，並且還成為了王東杰店裡的老顧客。

王東杰之所以能贏得顧客的芳心，與他善於抓住顧客自身的優點和心理特點，並予以恰當的讚美是分不開的。正因為他懂得恰當地讚美他人，他才能贏得他人的好感，並且讓兩個身材不同的人，都成為了自己忠實的老顧客。

不得不承認，在與人交往的過程中，讚美確實具有神奇的力量。但是朋友們應該注意，並不是所有的讚美都具有這樣神奇的功效，如果讚美嚴重脫離實際情況，明顯失真，那麼不但不能達到預期的效果，反而會引起他人的厭惡和反感。

為了防止這種現象的發生，朋友們在讚美他人的時候，應該講一些技巧，具體應該注意以下幾點：

1、讚美他人的時候一定要真誠

沒有人會喜歡虛情假意的讚美。如果你的朋友把事情搞得一團糟，你卻不分場合地讚美道：「你做得真是太棒了！我以你為榮！」這個時候，他肯定會覺得你面目可憎，甚至認為你是在諷刺他。

2、讚美要因人而異

針對不同的人，讚美的內容也應不同。如果對方是長輩，可以選擇讚美成就、健康、經歷等；如果是主管、老闆，則可著重讚美事業、能力、智慧等；如果是同輩，那就可以從學識、思想、修養、工作等方面來讚美。總之，讚美他人應該遵循具體問題具體分析的原則，從對方實際情況出發去進行讚美，切不可吹噓浮誇。

3、讚美應找對時機和場合

讚美他人也要分場合和分時間，找到恰當的時機和場合，適時拋出讚美之言，才顯得自然，不突兀不刻意。

4、讚美要對事不對人，切忌阿諛奉承

如果你毫無緣由地對別人說「你太好啦，我好佩服你」之類的言語，恐怕沒有人認為你的話是發自內心的。一定要讚美別人做出的值得讚美的事情，而不是對人阿諛奉承。

5、讚美的內容應盡量具體

看清了對象，找對了時機，接下來就是確定讚美的內容。這個時候，就需要你盡量從對方具體的事情入手，去發現對方細小的優點，給予適當的讚美。這才能讓對方感受到你的真誠和親切。如果只是泛泛而誇，就極有可能讓對方認為你只是個溜鬚拍馬的人。

【掩卷深思】

有這樣一句名言：「讚美是暢銷全世界的通行證。」世界上的每個人都喜歡聽到他人對自己的讚美，深諳讚美之道的人，自然也深受他人的歡迎。而懂得用眞誠的讚美擄獲人心，也是每個想要把自己經營成好品牌的人必備的素質。

8 學會聆聽的藝術

在這個競爭激烈、壓力越來越大的現代社會，很多人都懂得傾訴的重要性。他們一旦在工作上、感情上或者生活上遇到不順心、不如意的事情，便會迫不及待地向人傾訴，以此來宣洩自己的苦悶，緩解自身的壓力。

這個時候，一個優秀的傾聽者便顯得尤其重要了。一個懂得聆聽的人，不僅能給予傾訴者莫大的安慰，甚至能幫助傾訴者擺脫內心的陰霾。從這個角度來看，優秀的傾聽者是每一個傾訴者的福音，而一個懂得聆聽藝術的人，就像一顆沉默的寶石，熠熠生輝。

美國著名的外交家富蘭克林曾說過：「冷靜的傾聽者，能受到人們的歡迎，而喋喋不休者，就像一艘漏水的船，每個乘客都想盡快逃離。」相對於一個總是在傾訴、四處尋找安慰的人來說，一個懂得傾聽的人更受他人歡迎。這不僅僅是因為懂得傾聽能夠促進交流溝通，更是因為耐心地傾聽，是傾聽者對傾訴者起碼的尊重，不管是你的親朋好友，還是你的同事，專心地傾聽他們的訴說，能讓對方擁有被重視、被尊重的感覺，從而對你的印象也會越來越好，你的魅力也會在無形之間倍增。

綜觀古今中外的歷史，很多人都是因為懂得聆聽的藝術而獨具個人魅力，從而將自己經營成好的品牌，實現了自己的個人理想。比如齊桓公就是因為善於傾聽，才有春秋霸業；漢高祖劉邦的皇后呂雉，就是因為耳聽八方、廣納群言，懂得聆聽而獨具魅力，把自己經營成中國歷史上第一位皇后及皇太后；唐太宗就是因為懂得傾聽，才會出現貞觀之治；蒲松齡同樣是因為懂得傾聽，才有《聊齋誌異》的問世。

可見，傾聽對於一個人的影響是極其重大的。

那麼，在把自己經營成好品牌的過程中，朋友們應該如何學會聆聽的藝術呢？

不妨看看以下「聆聽」的技巧：

1、保持良好的精神狀態

傾聽也是需要耗費體力的，所以保持良好的精神狀態，才能維持傾聽的品質。如果你以一副無精打采的樣子來傾聽，不但會使傾聽的效果大打折扣，而且還會讓對方誤以為你很不耐煩，覺得你不尊重他，交流也就無法再順利繼續。所以，在與人交流的過程中，你應該努力保持良好的精神狀態，盡量讓自己的大腦興奮起來，讓傾聽的各個器官都得以有效地「運行」。

2、排除干擾，專心致志地傾聽

有效的傾聽，需要百分之百的專注，只有專心致志地傾聽，才能緊跟傾訴者的思想，發現傾訴者的真實想法，從而在交流中有的放矢，引起共鳴。而且，你在全神貫注傾聽的同時，也是在向對方表達你對他的尊重。相反，如果你在聆聽時，總是心不在焉、東張西望，就很容易漏掉某些談話的重點，阻礙雙方的溝通，也會讓對方以為你不重視、不尊重他，對你產生反感。

所以，在傾聽他人說話時，朋友們應該全神貫注、專心致志，盡量排除外界的其他干擾，不要一邊聽一邊還忙於其他事情。

3、學會互動，適當地使用肢體語言和表情

一個優秀的傾聽者在聆聽時，並不會像個「木頭人」一樣坐著不動，而是會跟隨對方的思緒，用點頭、微笑等肢體表情，或者簡短的語言來表達自己的感受，與對方進行互動，這會讓對方感到你對他的尊重和重視，從而進一步加深對你的好感和信任，有利於雙方的溝通交往。

當然，這種互動也是要掌握一個度的，不可過於熱情，尤其是輪到自己發言時，一定要懂得適可而止，切忌說個沒完。

4、保持眼神的交流

做為靈魂之窗，眼睛能表露出一個人的情緒和內心的想法。所以，在與人溝通交往的過程中，朋友們不可忽視眼神的作用。傾聽時保持一定的眼神交流，能夠促進雙方的溝通，贏得對方更多的好感和信

任。如果你不習慣和對方進行眼神接觸，也可以試著將視線的焦點放在對方的鼻樑上。

5、適時適當的沉默

沉默也是一種溝通交流的手段。它就好比樂譜上的休止符，只要運用得當，就會有「無聲勝有聲」的效果，讓傾聽更具韻味。短暫的沉默，可以向對方表達你對他的尊重，但沉默也不是隨時都可採用，也要分場合和分時間。故作高深和不合時宜的沉默，只會讓雙方感到尷尬和無所適從。所以，在傾聽他人說話時，沉默要適時適當。

6、保持耐心，不要隨意打斷對方的講話

傾聽他人說話時，應保持足夠的耐心。當對方的傾訴出現邏輯混亂、表達不清、詞不達意的情況，或者對對方所說的話題不感興趣時，你也應該耐心地把對方的話聽完，隨後再發表自己的言論。當對方因為思路中斷，或者知識有限而停頓時，應該予以及時的提醒，以免對方尷尬。

切忌中途隨意打斷對方的講話，任意發表自己的意見，或者嘲笑對方的觀點，因為這樣會擾亂對方的思緒，是一種非常粗魯、不禮貌的行為。

當然，如果對方所說的話題確實非常無聊，甚至讓你感到非常反感，難以忍受，你也可以對對方做出暗示，讓對方知曉你內心的想法，一般識趣的人都會中止話題或者改變話題。

需要朋友們注意一點的是，不管在什麼情況下，都不要當著對方的面流露出厭煩的神色，以免影響

雙方的溝通，不利於人際交往。

7、適當的提問

提問表示你在認真地聽對方說話，並且予以對方積極的回應，這種適當的提問，有利於雙方的交流溝通，也是傾聽的一種有效方式。

【掩卷深思】

有一位哲人曾說過：「造物主給了我們人類一張嘴巴和兩隻耳朵，而不是一張嘴和一隻耳朵，就是要我們多聽少說。」在浮躁的當今社會，懂得傾聽變得越來越難能可貴，已然成爲一種難得的修養。而想要把自己經營成好品牌，就應該從學會聆聽的藝術開始。

9 腹有詩書氣自華，博覽群書的人格外獨特

所謂「胸懷卷冊天生彩，腹有詩書氣自華」，意思是一個人讀書讀得多了，學識豐富、見識廣博了，就會由內而外，散發一種不同於常人的獨特氣質。

現實生活中，只要稍加留意，你就會發現，那些有閱讀習慣、博覽群書的人，往往在氣質、學識、眼界、閱歷上都比那些不愛看書的人要更優秀、更突出。

有位作家曾說過這樣一句話：「閱讀的最大理由是擺脫平庸，早一天就多一份人生的精彩，遲一天就多一天平庸的困擾。」這話一點都不假，在閱讀中，你確實能收獲到令你意想不到的財富：

1、閱讀可以陶冶你的情操

閱讀本身就屬於一種心靈的活動，而書本則是心靈的維他命。在閱讀時，人的內心會慢慢從或浮躁或瑣碎的生活中脫離出來，變得清靜平和，這本身就是一個修身養性的過程。

讀詩讓人更有靈性，讀史能使人明智，理學讓人心思縝密……總而言之，閱讀不僅能愉悅一個人的身心，而且還能陶冶一個人的情操。

據相關研究證明，經常看書、有閱讀習慣的人，不管在智商還是情商上，都遠遠勝過其他人，這類人勤於觀察、善於思考，在自身修養和生活感悟上都做得很好。

2、閱讀能夠開拓你的視野

俗話說：「書籍是人類進步的階梯。」當你身心全都投入到書海裡，你會發現自己所掌握的知識越來越多，看到的世界越來越廣闊，視野也隨之越來越開闊。之所以會發生這樣的轉變，是因為不同類別的書有不同的內容，而不同的內容又展示著不同的思想。一個閱讀廣泛的人，他的視野必然會更為開闊，遇事也會從容坦蕩許多。

3、閱讀可以增進閱歷

「閱」不僅是閱讀，也是閱歷。之所以這麼說，是因為透過閱讀，人們的閱歷也會不斷增進，瞭解更多自己不曾經歷的事情，體會自己不曾體會過的感受。可以說，閱讀對於人生的指導意義，並不遜色於實踐經驗。

基於閱讀的種種益處，想優化形象、把自己經營成好品牌，你一定要親近書本，讓閱讀成為自己生活中不可缺少的一部分，讓閱讀來豐富自身的形象，這就需要做到以下幾點：

1、養成每天閱讀的習慣

美國前總統羅斯福，曾說過這樣一段話：「我們必須讓我們的年輕人，養成一種能夠閱讀好書的習慣，這種習慣是一種軍事管制，值得雙手捧著、看著它，別把它丟掉。」由此可見，養成閱讀習慣的重要性。

堅持每天閱讀，哪怕只有十五分鐘，你一個月也能看兩本書，一年能看大約二十本書，一生則能看一千多本書。當然，如果時間更充足、閱讀速度更快，你所能看的書遠遠不只這個數目。

2、廣泛涉獵各種類型的書籍

對成人來說，在書籍的選擇上，限制並不大。除了根據個人興趣，閱讀自己感興趣的書籍外，朋友們還應該盡可能地拓寬自己的閱讀範圍，比如文學、歷史、哲學、政治、軍事、經濟等等。只有廣泛涉獵各種類型的書籍，才能完善、平衡自身的知識結構，將個人品牌經營得越來越好。

3、盡量少看一些娛樂八卦雜誌，多讀一些心靈小品文

隨著市場經濟的快速發展，人們的生活節奏也日益加快，人們的內心變得浮躁，精神也越來越空虛。而娛樂八卦雜誌，則會在這方面發揮推波助瀾的作用，讓人們過度地關注外界的事物，卻很少反觀自己的內心。這種做法顯然是不利於自身發展的。因此，朋友們在日常生活中，應該盡量少看一些娛樂八卦雜誌，多讀一些心靈小品文。

所謂心靈小品文，就是那種能讓你在輕鬆的故事中獲得有益啟迪，淨化靈魂的精緻小品文。它不僅簡潔實用、歷久彌香，而且還能豐富人的內心，讓你在暢遊文字世界的同時，得到心靈的淨化和昇華。

4、給自己制訂一個讀書計畫

閱讀需要系統地、有計畫地進行，所以，朋友們應該給自己制訂一個讀書計畫，比如列一個書單，將自己想要看的書名一一寫下來，督促自己在一定的時間內看完，規定自己每天騰出多少時間用於閱讀等等。

相信只要努力認真地做到以上幾點，你就會深刻地感受到閱讀的樂趣，以及閱讀帶給你的無可比擬的財富。這樣一來，優化形象，把自己經營成好品牌也是指日可待了。

【掩卷深思】

有這樣一句話：「一個人的成長史，其實就是他的閱讀史。」對此，英國著名的作家撒母爾．斯邁爾斯深表贊同，並說過類似的一句話：「人如其所讀。」

由此可見，閱讀確實是一個自我創造、自我提升的過程。

第三章

好品牌要有核心競爭力

提升潛能，最大限度地發揮自身價值

EXCE

1 增強執行力，做行動的巨人

稍加留意，我們就會發現，現實生活中存在太多這樣的人：他們總喜歡誇誇其談，大方地吐露自己的美好設想和宏偉藍圖，但是他們似乎僅僅只是為了過過嘴癮，說完之後就忘到九霄雲外，幾乎從不將自己的設想付諸行動。

這樣的人，用一句比較常見的話說就是「言語的巨人，行動的矮子」，可想而知，是不可能獲得什麼成就的。對想要把自己經營成好品牌的朋友來說，一定要杜絕這種現象在自己身上發生，不僅如此，還應該增強自身的執行力，做行動的巨人。

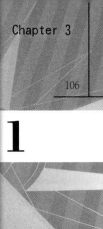

所謂執行力，就是辦事的能力。想衡量一個人的執行力度，主要從兩個方面進行評估，一方面是個人能力，另一方面則是做事態度。能力是基礎，而態度則是關鍵。

基於此，朋友們在增強自身的執行力時，除了要提高自身素質外，更重要的是端正自己做事或者工作的態度，將自己的想法落實到行動上，認真做好每一件事。

有一家企業，因為經營不善，已瀕臨倒閉。走投無路、無計可施的老闆不得不請來一位德國的管理專家，希望專家能改善企業的經營管理體系，拯救處於危機中的企業。

德國專家考察完公司上下的情況後，公司員工都以為他會針對公司的情況制訂出一套全新的管理方法。然而，就在大家期盼公司能在專家的推陳出新下起死回生、重燃生機時，專家卻宣布了一個令大家都很不解的消息，他不僅沒有制訂什麼新制度，只是要求公司上下按照以前一樣運作，人員、設備、制度等都原封不動。

專家做出的唯一一個變動，就是要求公司員工增強執行力，堅定不移地、不折不扣地，貫徹落實公司的一切制度。

起初，企業老闆對專家的提議，能夠帶來的效果半信半疑，但是結果卻讓老闆驚喜萬分，專家這個「絕招」，使瀕臨破產的企業在一年內轉虧為盈，反敗為勝。

從這家企業的沉浮中，我們可以看出，再完美的經營管理制度，如果沒有得以有效執行，也只能是一紙空文。從這個角度說，成功有時需要的並不是什麼新方法，也不是什麼出奇制勝，只是需要你增強自身的執行力，把所有計畫、設想或者制度，認真地貫徹執行下去。

古希臘著名的哲學家蘇格拉底，曾做過一個很生動的實驗，他要求學生們做一件最簡單並且最容易做到的小事情：每個人都要把胳膊盡量往前甩，然後再盡量往後甩，每天都要堅持做三百下。

蘇格拉底做了一遍示範給學生們看，然後問眾學生是否能做到。年輕氣盛的學生們聽後，都不以為然地笑著回答：「就這麼一件簡單的事，怎麼可能做不到呢？」

一個月後，蘇格拉底突然問自己的學生：「你們當中有誰堅持每天做那個甩手的動作，並且連續做三百下？」話音剛落，講臺下就有百分之九十的學生很自豪地舉起了手。

又過了一個月，蘇格拉底重新問學生這個問題。這次，只有百分之八十的學生舉手。

一年後，在大家都快遺忘這件事情的時候，蘇格拉底再一次問道：「一年前，我叮囑你們每人每天堅持甩三百下手，現在有誰還在照做？」學生們聽後面面相覷，只有一個學生舉起了手。這個學生，就是後來著名的大哲學家柏拉圖。

一個人的執行力，從一件小事中就能看出來。顯然，一個能將一件簡單的事情長期地執行下去的人，必然能夠獲得成功。

這個事例，從側面告訴我們，態度決定了人的執行力度，而成功則必然來自於高效的執行力。

這裡所說的高效執行力，並不在於工作經驗或者學識深淺，而是依靠每個人對制度、措施，一絲不苟地貫徹落實，歸根結底是個人的執行態度問題，這決定了執行力的高低和執行效果的好壞。

【掩卷深思】

在現實生活中，大部分人最爲缺少的，既不是天馬行空的創意想像，也不是巧舌如簧的雄辯口才，而是高效的執行力。

沒有執行力，再好的制度、再完美的戰略、再精確的思路、再偉大的設想，都失去了自身的意義，只能算是紙上談兵。

2 培養專注認真的能力

「我總是無法靜下心來集中精力做一件事情，這真讓我感到苦惱。」

「我懷疑我有過動症，做什麼事情都會分心。總想看看這個，摸摸那個。」

……

稍加留意，你就會發現，現實生活中，有過這種感嘆的朋友不在少數，他們無法全神貫注地做一件事情，思緒經常被一些外在的因素打亂。

之所以會出現這種現象，主要是因為這些人缺乏專注認真的能力。而一旦缺乏這種能力，就算你再聰明，本領再大，也終將一事無成。

專注認真是成功人士必備的能力。只有你把自己全部的精力、時間、智慧，都凝聚到正在處理的事情上，才能夠充分發揮自己的主觀能動性，激發內在的潛能，最終達成自己的目標。

綜觀古今中外卓有成效的名人，沒有哪一個不具備專注認真的能力。其中，法國著名雕刻家羅丹就是典型的代表。

有一天，羅丹邀請自己的好朋友，著名的作家茨威格來家中做客。兩人坐在一張小飯桌前共進午餐，雖然一個是文學家，一個是雕塑家，但這並不影響他們的交流。兩人志趣相投，相談甚歡。

午飯結束後，羅丹又興致盎然地，帶著茨威格去參觀自己的雕塑工作室。羅丹的雕塑工作室內，擺滿了形態各異的雕像，有完整的，也有許許多多的小塑樣，比如一隻胳膊、一隻手、一根手指或者指節。桌旁還放著一些尚未創作完的半成品，以及堆積如山的草圖。

茨威格徜徉在羅丹一生奮鬥與工作的地方，不斷地讚嘆這裡是雕塑的出生地。而羅丹，從剛一走進來，就不由自主地轉換成了「工作模式」，他穿上粗布工作衫，儼然成為了一個雕塑工人。

在一個臺架前，羅丹停下腳步說道：「看，這是我最近正在創作的作品。」說著便揭開上面的濕布，現出了一座女性正身塑像。

「這個應該已經算是成品了吧？」茨威格走向前，看著這個美麗的藝術品說道。

羅丹似乎並沒有聽到茨威格的話，他仔細端詳了一陣子人像，突然皺著眉頭說：「這個雕塑還有一些毛病，左邊的肩膀偏斜了一點，還有臉上也需要改進。對不起，你稍等我一下。」

話音剛落，羅丹就迅速拿起一旁的工具刀，開始修整起來。只見他那健壯的手臂，不停地來回晃動，雙眼閃爍著興奮的光芒，神情專注。就這樣，雕塑在他的手下變得越來越生動活潑。「咦，這裡好像也有點問題……還有那裡……」羅丹一邊修整，一邊含糊不清地自言自語，早已忘記身邊還有一位客人在等著他。

茨威格站在一旁，露著理解的微笑，欣賞著這個工作專注的藝術家。處於工作狀態的羅丹，一會兒高興得眼睛發亮，一會兒又雙眉緊蹙，苦苦思索。顯然，這個藝術家已完全陷入了創作熱情之中。

就這樣，時間一點一滴地流逝，不知不覺已然過去了一個小時。羅丹渾然忘我，在雕像前忙忙碌碌，如醉如癡，完全忘了茨威格的存在。在羅丹眼裡，除了工作，整個世界似乎都已經消失了。又過了很久，羅丹終於心滿意足地扔下了手中的工具，重新用濕布蒙住雕塑，然後逕自走向門外。

快走到門口的時候，羅丹與已默默等候許久的客人茨威格撞了個正著。這時，他才恍然想起還有一個朋友在一旁，連忙道歉道：「真是太對不起了，我完全忘了你在等我。」而此時的茨威格，早已被羅丹的專注熱忱所打動。

茨威格不僅沒有因為羅丹的怠慢而生氣，反而被羅丹的專注認真所打動，從而更加欣賞自己這位朋友。可見，專注不僅能夠提高辦事效率，還能夠增添一個人的魅力，促使更靠近成功。

曾經有一個笨人，他非常喜歡武術，到處拜師學藝。但是他實在太笨了，沒有一個人願意收他做徒弟，都認為他不是可塑之才。

儘管如此，笨人還是到處纏著別人教他。最後，他的專注執著打動了一個武師，勉強收他做了徒弟。

這個武師雖然同意收他為徒，但是一想到他這麼笨，萬一出去給自己丟臉，就很有可能毀了自己的一世英名，越這麼想就越無心教導。

於是，武師便敷衍地隨手撿起一根木棍喊道：「去吧！」隨即，將棍子扔了出去。

這笨人說笨還真是笨，他以為武師扔棍子的這個動作是傳授給他的一個絕招，便心滿意足地學起來。

此後的日子，笨人天天認真地苦練扔棍子的動作，從不喊累，也從來不覺得枯燥。漸漸地，手中的木棍換成了鐵棍，並且還在一點一點地加重量。

就這樣，十幾年過去了。

突然有一天，一個絕頂高手來挑戰，把所有人都打敗了，包括笨人的師父。

這時，笨人挺身而出，他抬腳往擂臺上一跺，擂臺也為之一震，這可是練了十多年的腳力得來的結果。只見笨人大喊一身「去吧！」手中上百斤的大鐵棒直直地向對手飛了過去，速度快得讓對手猝不及防，對手當場就心悅誠服地認輸了。

所有人驚訝地看著笨人的舉動，全都不相信自己的眼睛，心想，這麼笨的人怎麼會這麼厲害呢？這其中到底有什麼祕密？

聰明人都知道，笨人這麼笨之所以能夠獲取成功，主要就是因為他的專注認真。

「世界上怕就怕認真二字。」專注認真是一種強大的力量，可以使一個人無往而不勝。無論多麼困難的事情，無論多麼愚笨的人，只要專注認真地去做，就一定能夠實現自己的目標。

【掩卷深思】

專注認眞是一種品德，也是一種不容小覷的能力，更是成功者必備的素質。想做成一件事，就一定要在日常生活中，有意識地培養自身專注認眞的能力，讓自身的潛能得到最大的發揮。

3 激發創造力，讓自己思維盡情舞蹈

創造力是人類與生俱來的一種能力，但是由於世俗的約束、循規蹈矩的教育、重複工作的禁錮等多種因素，創造力會隨著年齡的增長被慢慢削弱。

根據相關機構研究顯示，有百分之九十的兒童富有創造力，而成年人卻僅僅只有百分之二而已。這個結果顯然是不盡如人意的，因為在當今競爭如此激烈的社會，如果缺乏創造力，固守陳規，就很難在社會上立足，甚至會面臨被淘汰的危險。

創造力是成功的關鍵。一個擁有創造力、想像力的人，往往能突破自我，給人帶來無限的驚喜。日本就是一個極度重視創造力的國度，政府曾提出「開發日本人的創造力，是日本通向二十一世紀的支柱」的決議，直接把開發國民創造力，做為一項基本國策來執行。

羅伯特．A．威沃爾在《企業的根本戰略》一書中寫道：「企業的戰略研究，必須把創造力放在首位，這樣企業才會有生命力。」基於此，現在很多公司在招募員工的時候，往往會更關注應徵者的創造能力。

激發創造力，首先是要提高自己的想像力，讓思維盡情舞蹈。

1、只要產生奇思妙想，就應該立刻記錄下來

人在日常生活中，比如工作、吃飯、走路、看書時，腦海裡經常會閃現出一些靈感的火花，對此，大部分人都不以為然，從不立刻記錄下來，而是任由這些靈感消逝。

這些人之所以沒有記錄靈感的習慣，是因為他們總認為日常裡的那些閃念，不過是荒誕、不切實際的幻想。

這種想法顯然是錯誤的，因為在創新思維裡，從不存在「不可能」這三個字。那些看似荒誕、不成熟的想法，往往就是你的創新意識在活動。所以，千萬不要小看那些一閃而過的靈感，因為你永遠都無法確定，它能帶給你多大的驚喜。

況且，如果你能及時把自己的奇思妙想記錄下來，那麼日後，一旦你在思維上遇到瓶頸，也能從中得到靈感和啟發。

動筆記錄只是一件簡單的事，卻能讓你收益頗多。

2、多問自己幾個為什麼

多問自己幾個為什麼，就是要你保持一顆好奇的心。

如果你不能對微小的事物，抱有好奇和懷疑的態度，總認為一切都是理所當然的，那你就很難從細枝末節處挖掘到創意，也就很難有建設性的想法。

成功者往往能夠透過表面現象看本質。在他們眼裡，任何事情都必有隱含的聯繫。那些看似幼稚、有欠理智的問題，很有可能讓你認識到全新的事物。

對此，愛因斯坦深有體會，他曾說過這樣一句話：「我沒有什麼特殊才能，不過喜歡追根究底罷了。」

當你成為「十萬個為什麼」時，你就能體會到「問號」給你帶來的驚喜。

3、想法說出來才算是創意

一個人一生中的想法不計其數，但真正說出來的卻少之又少。這在很大程度上影響了你的創造力。正確的做法應該是：不管是奇思妙想，還是胡思亂想，只要你有想法，就應當積極地表達出來。這樣，你的那些非比尋常的奇特想法，才有可能成為創意，才能展現出它們自身的價值。

4、不要輕易滿足現狀，應渴望改進

一個人如果太過輕易滿足現狀，那麼他就不會有創新的念頭和動力。因為一旦失去美好的憧憬和不斷追求的熱情，創造力就難以盡情發揮。

綜觀古今中外的成功人士，他們做任何事情都希望找到更好、更簡便的方法，從來不安於現狀、止步不前，而是時刻懷有改進現狀的美好願望。

5、試著換一種新的思考模式

當你遭遇思維的困境時，如果一味地使用以往那種循規蹈矩的方法，是行不通的。這個時候，應試著換一種新的思考模式，說不定你就能擺脫困境，衝破思維的樊籠。

6、勇於打破傳統，拒絕墨守成規

有些時候，那些被約定俗成的傳統事物，已然成為一種神聖不可侵犯的「迷信」，嚴重禁錮著人們的思想，不利於創造力的發揮。

所以，朋友們應勇於打破傳統，不要墨守成規。

當然，想要打破常規思維、經驗主義等約定俗成的主觀定勢，不僅需要你具備獨立的判斷力和思考力，也需要你勇於挑戰權威，進行自我否定。

除了以上幾點外，朋友們想要具備創新思維，還需要修練個人的三個基礎條件：其一，自身要具備厚重的知識底蘊。這是激發創造力的基礎。其二，養成善於質疑的好習慣。古人云：「學從疑生，疑解則學成。」質疑是產生問題並解決問題的必要條件。其三，要持之以恆地進行創新鍛鍊。創新思維不可能一天練就，創新意識也要不斷保持。

【掩卷深思】

諾貝爾獎得主李政道，曾說過這樣一句話：「培養人才最重要的是創造能力。」在這個過程中，需要注意以下兩點：

1、創新不是刻意求新，不是違背規律，不是主觀臆斷。

2、深層次的創新，主要表現在人的觀念、思想和創意上，技術上的創新僅僅只是其中之一。

4 學會用正確的方法做正確的事

現實生活中，很多朋友都會抱怨自己花費很多時間和精力去做一件事情，結果卻總是吃力不討好，還有一些朋友則苦惱自己精心準備策劃一件事情，卻總是不如人意，甚至事與願違。

之所以會出現這樣的情況，並且時有發生，主要是有些朋友使用了正確的方法，卻沒有做正確的事，或者雖然是在做正確的事情，但使用的方法不正確。

很顯然，這兩種情況都是難以獲得成功的，只有學會用正確的方法做正確的事情，才能如願以償。

看到這句話，可能有很多朋友都會覺得非常納悶，忍不住問：「用正確的方法做事和做正確的事，這兩者之間有什麼區別呢？」

當然有區別。

現代管理大師彼得·德魯克，就曾對這兩者做出了明確的界定：「『用正確的方法做事』是效率，

『做正確的事』則是效能。效率和效能兩者都不應偏廢。」

如果還有朋友不是很理解，那就換種簡單的說法，「用正確的方法做事」是將關注重點，放在做事的過程上，強調做事情的方法要選擇正確，符合原則和要求，做事要有效率。屬於戰術問題。

而「做正確的事」則是要站在全局，來把握整個事情的發展方向，清楚其中可能存在的利弊，在做事之前仔細考慮，進行分析判斷，找對方向和目標，做出正確的決策。屬於戰略問題。

在現實生活中，想要抓住時機取得成功，把自己經營成好品牌，「正確的方法」和「正確的事」這兩個因素缺一不可。

這裡，我們不妨一起看看以下三個案例。

案例一：

一群伐木工人，一走進叢林，就開始埋頭清理矮灌木。當他們花了九牛二虎之力，終於把這一片灌木林打理乾淨，準備享受一下工作後的輕鬆與愜意時，卻突然發現這片叢林，並不是他們事先準備清除的那塊，旁邊的那片叢林才是原訂計畫的目標。伐木工人懊悔不已，只得拖著已然疲憊的身軀繼續勞作。

案例二：

二〇〇四年六月，《財富》雜誌上刊登了一篇名為《CEO們為什麼會失敗》的文章。在這篇文章中，《財富》雜誌特邀三十八位十年來黯然下臺的大公司CEO們（曾領導IBM、通用汽車、柯達、菲力浦等世界著名公司）講述自己敗北的經歷。

在採訪調查完這些失敗的CEO後，《財富》雜誌得出了一個結論：這些CEO們智商都很高，經驗也相當豐富，有著明確的方向和無懈可擊的戰略，並不缺少才智和遠見，導致這些CEO失敗的根本原因，是他們在執行的過程中沒有使用正確的方法，效率過低。

比如柯達公司之所以解雇凱・維特摩爾，並不是因為他沒有把握好方向（事實上，柯達公司早已制訂了一整套積極的戰略，維特摩爾也非常贊成），而是他根本沒有使用正確的方法來實施這一套戰略。這才是他失敗的真正原因。

案例三：

阿里巴巴總裁馬雲，在二〇〇七年舉辦的大陸杭州第四屆網商大會上，分享了自己以及阿里巴巴成功的經驗。

馬雲特別強調了「用正確的方法做正確的事」的重要性，並且說：「做事前首先要選擇好正確的方向，如果方向選錯了，在做錯誤的事，那麼方法越正確失敗得越快。我很慶幸阿里巴巴選擇了一個正確的方向。戰略確定下來之後，就需要用正確的方法來執行。因為無法在網路外的現實世界見面，網商（網路服務提供商&網路商家）群體若想成功就一定要靠誠信，所以阿里巴巴一直以誠信做事。用正確的方法做事和做正確的事，都是非常重要的。」

看完上面這三個案例後，朋友們是否看出了其中的差別所在呢？

結論是顯而易見的。案例一中，伐木工人用正確的方法做了錯誤的事情，結果以失敗告終。案例二中，那些沒有做出什麼成績的CEO之所以失敗，是因為他們雖然在做正確的事情，但是使用的方法卻是錯誤的。案例三中，阿里巴巴創始人馬雲表示，自己及阿里巴巴之所以能夠成功，是因為用正確的方法做了正確的事情。

「做正確的事」是「用正確的方法做事」的基礎和前提，首先找到正確的事來做，接下來「用正確的方法做事」才不是瞎忙；「用正確的方法做事」是「做正確的事」的保障，使用了正確的方法，正確的事才能順利、高效完成。

據相關統計顯示，現實生活中，只有百分之十的人在用正確的方法做正確的事，有近百分之五十五的人，在用錯誤的方法做正確的事，百分之二十五的人，在用正確的方法做錯誤的事，剩下百分之十的人，則是在用錯誤的方法做錯誤的事。

從這個資料，我們可以看出，能用正確的方法做正確的事的人，僅僅只佔一小部分，也正是因此，現實生活中，成功者往往只佔少數，大部分人都還是與平庸為伍。

朋友們不妨反觀一下自身，看看自己是屬於哪個行列？如果想躋身金字塔頂的那百分之十，你就應在處理事情前，事先選擇好方向和目標，然後再用正確的方法去執行。只有在「做正確的事」的基礎上，使用「正確的方法」，才能獲得成功，在「適者生存，優勝劣汰」的社會贏得一席之地。

【掩卷深思】

一個能把自己經營成好品牌的人，在處理事情時，不僅懂得要做正確的事情，而且懂得用正確的方法去做正確的事情。他們在處理事情前，如果還沒有確定好所要做的事情是否正確，就會請教比自己有經驗的人，等方向確定好以後，再將正確的方法，落實到每一個執行細節。

5 鍛鍊果斷決策的能力

在猶太民族，流傳這樣一句諺語：「人的一生中，有三種東西不能使用過多：做麵包的酵母、鹽和猶豫。」酵母使用太多，麵包就會發酸；鹽加入過多，菜就會很鹹；而做事總是猶豫不決、優柔寡斷，則會痛失很多成功的機會。

綜觀古今中外的成功人士，沒有哪一位不具有當機立斷、果斷決策的能力。他們懂得抓住機遇，在關鍵時刻勇於做出重大決斷，從而取得先機。而那些畏首畏尾、優柔寡斷的人，卻總是在關鍵時刻遲疑不定、難以取捨，缺乏當機立斷的魄力，因此錯過了成功的最佳時機而以失敗告終。

這也正是普通人與成功者之間的差距。特別是在當今這個資訊社會，機會稍縱即逝，一旦錯過就會一去不復返。因此，果斷決策的能力顯得尤為重要，成功或失敗很有可能就取決於這一瞬間。

這裡，我們不妨一起來看一則寓言故事：

有兩個窮人在海邊玩耍，玩累後，他們都躺在沙灘上睡著了。其中有一個窮人做了一個夢，夢見海對面的島嶼上住了一位大富翁，這位富翁的花園裡種滿了玫瑰花，而在一株白玫瑰的根下，埋著一大罐黃金。

醒來後，這個做夢的窮人，將自己的夢告訴了另一個窮人，說完後，他便猶豫不決地自言自語道：「我是去還是不去呢？也不知道這個夢到底是不是真的？如果是假的，那我就白跑一趟了，如果是真的，那我不去也太可惜了。唉，真頭痛！到底去還是不去呢？」

正在他左思右想、拿不定主意的時候，另一個窮人也動心了，他果斷地說：「要不你把這個夢賣給我吧！」做夢的人此時正在猶豫中煎熬，聽說對方要買自己的夢，便順勢答應了。就這樣，第二個窮人用少許的錢把夢的所有權買了回來。

買到夢後，第二個窮人便啟程去海對面的那座島嶼。經過千辛萬苦的長途跋涉後，他終於來到了這座島嶼，並且發現這座島上確實住著一位富翁。為了接近這位富翁，他自告奮勇地去富翁家當園丁。

富翁家的花園非常大，裡面果然種滿了各種顏色的玫瑰花，工作之餘，買夢人就一棵接一棵地挖掘搜尋，日復一日，年復一年，終於有一天，他從一株玫瑰花的根底下挖出來一大罐黃金。

買夢人欣喜若狂，他帶著挖出來的一大罐黃金回到了家鄉，成為了當地最富有的人。而當年那個賣夢的窮人，依舊是個窮光蛋，當得知這個消息後，他對自己當年的猶豫不決懊惱不已。

從上面這個寓言中我們可以看出，猶豫不決是將自己經營成好品牌路上的攔路虎、絆腳石。因為優柔寡斷、左思右想，賣夢人將本該屬於自己的機會拱手讓給了別人，也就徹底與財富絕緣。相反，因為當機立斷、剛毅果決，買夢人才會抓住機遇，最終找到打開財富大門的金鑰匙。

尤其是在當今這個瞬息萬變的資訊社會，機會稍縱即逝，一旦不及時抓住就一去不復返。因此，果斷決策的能力顯得尤為重要。

美國百貨業鉅子約翰・甘布士便深知此中的道理：

有段時期，約翰・甘布士所居住的伯維爾地區遭遇經濟危機，很多工廠和商店都因此紛紛倒閉，不得不以極低的價格（當時一美金可以買到一百雙襪子）瘋狂拋售自己堆積如山的存貨。

當時，約翰・甘布士正在一家織造廠做小技師，名不見經傳。看到這種情形後，他毫不猶豫地拿出自己的積蓄來收購這些低價貨物。人們見他這麼做，都認為他腦子有問題，甚至還當眾嘲笑他是個傻子。但是約翰・甘布士並沒有因為外界的評論而動搖自己的立場，他依舊堅持自己的決定，收購了各工廠和商店拋售的貨物，並且租下了一個很大的倉庫來儲存這些收購來的貨物。

對此，約翰・甘布士的妻子感到十分擔憂，她勸甘布士不要購買這些貨物。因為他們的積蓄本來就不多，還要留一部分做為孩子的學費、生活費等，一旦約翰・甘布士的這次投資失敗，血本無歸，家裡就可能連吃飯都成問題。

約翰・甘布士卻笑著安慰妻子：「放心，三個月以後，我們就可以靠這些廉價貨物發大財了。」

然而，過了十多天後，連那些工廠和商店低價拋售的貨物也已經沒人要了，為了穩定市場上的物價，所有未售出的存貨都被貨車運走燒掉了。約翰・甘布士的妻子見狀後心急如焚，抱怨甘布士不聽自己的勸告，這下要吃虧了。對於妻子的抱怨，約翰・甘布士一言不發。

後來，美國政府決定幫助伯維爾地區穩定物價，同時大力支持和幫助當地的工廠、商店恢復正常營運。因為焚燒的貨物過多導致存貨欠缺，當地的物價隨之飛漲。這個時候，約翰・甘布士果斷地將之前收購來的貨物拋售出去，不僅賺取了一大筆錢，而且也為穩定市場物價做出了貢獻。

在約翰・甘布士決定將庫存貨物拋售出去時，他妻子又勸他暫時不要急於出手，因為物價還在一天一天往上漲。但約翰・甘布士並沒為此心動，他堅定地說：「現在是最好的時機。如果再拖延時間，就會後悔莫及。」

果然如約翰・甘布士所言，他的貨物剛剛賣完，物價便開始大幅度下跌。他的妻子對此非常慶幸，也十分欽佩他的遠見與果斷。

此後，約翰・甘布士開了五家百貨商店，而且生意非常好。如今，約翰・甘布士也已是全美舉足輕重的商業鉅子。

很顯然，約翰・甘布士之所以能夠獲得成功，是因為他在關鍵時刻堅持自己的立場，果斷地做出決策，並且堅定不移地執行。

試想，如果約翰・甘布士在機遇來臨時總是猶猶豫豫、思前想後；如果他因為眾人的議論和嘲笑，而懷疑自己的決定，甚至放棄收購；如果他聽妻子的話延後拋售貨物，那麼他還能在這場經濟危機中，成就自己今後的事業嗎？

答案是否定的。因為機遇轉瞬即逝，如果沒有當機立斷、果斷決策的能力，就算有一雙識別機遇的慧眼，也只能眼睜睜看著機遇遠去，錯失良機，結果兩手空空，最終也成不了什麼大事。

在日常生活中，我們一定要有意識地培養自己果斷決策的能力，時刻提防猶豫不決、優柔寡斷這一陰險的敵人。

務必記住：只要你看準了方向，只要你抓住了機遇，就不要游移不定、前思後想，該出手時就要出手！

【掩卷深思】

美國作家馬丁．科爾曾說過這樣一句話：「世間最可憐的，是那些做事舉棋不定、猶豫不決、不知所措的人，是那些自己沒有主意，不能抉擇的人。這種舉棋不定、意志不堅的人，難以得到別人的信任，也就無法使自己的事業獲得成功。」

對我們每個人來說，優柔寡斷都是致命的弱點，它可以破壞一個人的判斷力以及自信心。具有這種弱點的人，往往自卑消極、沒有毅力，自然也很難獲得成功。

6 掌握口才之道，讓自己口齒生金

現代社會，口才之於人的作用是不容小覷的。能力、條件等各方面相當的兩個人，口才較好的那一方往往在生活、工作中更容易獲取成功，也更容易將自己經營成好的品牌。

王心瑋和李佳琪是同班同學，畢業後，兩人又進入了同一家公司。

王心瑋是個活潑開朗的女孩，她古靈精怪，學習能力也很強，但是卻不怎麼用功。她非常懂得怎樣在上司和同事面前表現自己，一番話常常聽得上司和同事心裡美滋滋的。

李佳琪則是一個文靜內向的女孩，她工作認真負責，無論遇到什麼困難，她都會想辦法自己解決，既有韌性，又有忍耐力，就像一頭不知疲倦的老黃牛，默默無聞地工作著。因為性格原因，李佳琪很少說話，幾乎所有的時間都花在自己的工作和學習上，這使得她與同事之間的交流很少。在同事的印象中，李佳琪是一個不善表達、吃苦耐勞的人。

有一次，公司舉行大型商務聚會，要求每一個員工都要參加，理所當然地，王心瑋和李佳琪都去了。在聚會中，王心瑋不僅不時地說一兩句笑話引得大家哈哈大笑，而且在給上司敬酒的時候，幾句話直接說到了上司的心坎裡，聽得上司樂不可支。而李佳琪卻在一旁默默無言，因為她一直認為只要有能力，上司一定會注意自己，所以她一點都不羨慕王心瑋的伶牙俐齒。

然而，事實並不如李佳琪所想像的那樣，好幾個月過去了，上司依然對李佳琪沒有什麼深刻的印象，而王心瑋的事業卻如日中天。

在當今競爭激烈的社會，一個人沒有專業技能和工作能力，顯然是寸步難行的，但是，朋友們也應該知道，有時候，僅僅有能力還是不夠的，口才同樣不容小覷。

之所以這麼說，是因為在注重溝通與交流的當今社會，一個人如果只有能力沒有口才，那就像「茶壺裡煮水餃」——有貨倒不出！這樣一來，你的才能很可能永遠都不會為人所知，而且隨著時間的流逝，你越來越會體會到那種「懷才不遇」或者「英雄無用武之地」的無奈感。

前 Google 全球副總裁李開復曾告誡許多的創業青年：「創業的重要一點就是，讓贊助商對你講的第一句話就印象深刻。」

是的，在這個競爭激烈的社會，人們更需要懂得推銷自己，而怎樣來推銷自己呢？關鍵就是靠口才。所以，想要成功，就一定要掌握口才之道，讓自己的口齒生金。

那麼，在現實生活中，朋友們應該怎樣鍛鍊口才，透過好口才來展示自己呢？

1、主動與他人交談

現實生活中，有很多這樣的朋友，他們在與自己熟識的人交談時，非常放鬆、自如，但是一到正式的場合或者面對陌生人的時候，就變得非常緊張，沒有勇氣或者自信主動與對方交談。如果再看到別人交談時輕鬆自如的樣子，自己就更沒有勇氣和自信與他人交談了。

這種心理和做法顯然是不可取的，不僅不利於人際交往，而且會讓他人覺得你是一個拘謹、不大方的人。

為了不給他人留下這種印象，朋友們應該做到以下幾點：

（1）放鬆心情

人在緊張的時候，很容易思維紊亂、不知所措。同樣，在與他人交談的時候過於緊張，就無法很好地展示自己，阻礙正常的溝通交流。

為了交流的順暢和自如，朋友們應該消除與他人交談的緊張情緒，想辦法讓自己放輕鬆，比如事先深呼吸，讓自己冷靜下來；找一些笑話讓自己變得開心一些，因為笑可以讓全身的肌肉得到放鬆，也可以讓頭腦反應更加靈活。

（2）多多練習

有些朋友總是感嘆：「人家口才好是天生的，我這輩子大概嘴就這麼笨了。」這種想法顯然不對，其實，好口才並不是天生的，而是透過練習獲得的。只要每天都做相關方面的練習，那麼總有一天你也會口齒生金。

（3）細心觀察

除了多加練習外，朋友們在日常交往中，還應該多多觀察，看看那些口才好的人，在與人交談的時候都是怎麼說的，聊的都是什麼話題，用什麼方式將這個話題談得有趣、精彩。觀察多了，你也自然能將別人的優點拿來為己所用。

2、多參加社交活動

多參加社交活動，是鍛鍊口才的有效方法，因為在社交活動中，你會接觸很多的人，與各式各樣的人交談。在這個過程中，你的性格會變得越來越開朗，視野也會越來越開闊，閱歷也會越來越豐富，這樣你自然會更有信心和底氣，在他人面前說出自己的想法和見解，口才自然也會變得越來越好。

3、多看書

只有肚子裡有貨，才有較多的話題可說，並且別人才願意聽。所以，為了掌握口才之道，提高自己的口才，朋友們就應該多看一些書，掌握更多、更豐富的知識，這樣在與人交往的時候才有話題可說。

4、讓自己變得幽默

稍加觀察，你就會發現現實生活中，口才好的人通常都是比較幽默的人。而幽默的人往往都是非常受歡迎的，他們能給他人帶來歡聲笑語，拉近與他人之間的距離。

【掩卷深思】

現實生活中，口才好的人往往更能夠博取他人的青睞和好感，更容易獲取成功，那些抱著沉默是金的信條的人，應該要有意識地去掌握口才之道了。

7 堅韌不拔的毅力讓你更靠近成功

很多時候，我們無法實現自己的理想，與成功失之交臂，並不是因為智商低，也不是因為運氣差，而是因為缺少堅忍不拔的毅力。

對於這一點，拿破崙深表贊同，他曾說過這樣一句話：「達到目標有兩種途徑——勢力跟毅力。勢力屬於少數含著金鑰匙出生的人，而毅力則屬於所有堅韌不拔的人。」可見，就算一個人沒有顯赫的家世，沒有大把的金錢，但是只要他擁有堅韌不拔的毅力，他也照樣可以把自己經營成好品牌。

第七屆國家馬拉松賽的冠軍羅塞尼奧，在接受記者採訪的時候，一位記者問道：「馬拉松是一項考驗耐心的運動，是什麼力量支持你堅持到最後的呢？」

聽完記者的提問後，羅塞尼奧向記者講述了一個關於自己的真實故事。

在羅塞尼奧上中學的時候，他參加了一次學校舉辦的十公里越野賽。剛開始，羅塞尼奧跑得非常輕鬆，然而過了一段時間，他開始感覺有些體力不支，越來越跑不動，此時，羅塞尼奧非常想停下來歇一會兒，喝口水再繼續跑。

正在這個時候，一輛學校的巴士開了過來，這輛校巴專門負責接送那些跑不動的學生，羅塞尼奧很想跳到車上，但是他看了看腳下的路，終於忍住了。

又跑了好一段時間，他感到汗水已經滴進了眼睛裡，心臟劇烈跳動，兩條腿就像灌了鉛一樣，想停下來休息的慾望越來越強烈，而正在這時，第二輛校車開了過來，羅塞尼奧再次壓制住跳上車的慾望，繼續前進。

羅塞尼奧跑到一個小山坡的時候，已經覺得眼冒金星，兩條腿好像不再屬於自己了。眼前這個小小的山坡對他來說，簡直就是聖母峰，他徹底絕望了。當第三輛校車開來的時候，他絲毫沒有猶豫，跨了上去。然而令人意想不到的事情發生了，校車開過小山坡，轉了個彎就到了終點。

年輕的羅塞尼奧後悔萬分，他想，如果自己再有毅力一點，再堅持哪怕一分鐘，來個終點衝刺，就能憑著自己的力量，越過山坡，到達終點。

經歷了這件事情後，在往後的比賽中，當羅塞尼奧覺得自己筋疲力盡快要放棄的時候，他就不斷地給自己打氣：「兄弟，要堅持，要有毅力，前面也許就是終點了。」

就這樣，羅塞尼奧一直跑到了世界冠軍的領獎臺上。

其實人與人之間的差距並不大，那些在各個領域卓有成效的人，往往是那些有著堅韌不拔的毅力的人。

如果你想要達到你預定的那個目標，實現你的理想，那你就應在日常生活中，有意識地培養自己堅韌不拔的毅力。

美國華盛頓山上有一個石碑，上面寫的內容告訴人們，這裡曾經是一個女登山者死去的地方。而這位女登山者苦苦尋覓的「登山者小屋」，就在距離她不到一百米的地方，如果她有足夠的毅力，能多走一百步，就能活下去，然而她卻放棄了。

其實，人的潛力是無窮的。只要有堅持到最後的恆心和毅力，奇蹟就會發生，那些潛藏在你身體內的潛能就會被喚醒，引領你走出當下的困境，走向成功。

現實生活中，很多人面對一而再、再而三的失敗，選擇了放棄，然而他們卻不懂得再多一點毅力，再多堅持一會兒，就很有可能獲得成功。

所以，無論在什麼時候，處在什麼樣的困境之中，我們都應該靠自己的毅力走出低谷，贏得人生的輝煌。

當你認為自己已經筋疲力盡時，不妨暗暗地激勵自己：勝利就在不遠的前方，只要堅持到底，就能創造奇蹟。

【掩卷深思】

多一分毅力，多一分堅持，就多一分成功的可能。所以，想要把自己經營成好品牌的朋友，一定要在日常生活中，有意識地培養自己堅忍不拔的毅力，這樣，你才能如願以償，取得最後的勝利。

8 提高時間管理能力，做時間的主人

「我覺得自己每天都忙忙碌碌的，但是總覺得自己在做無用功。」

「一天過得真快，可是我好像什麼都沒做似的。」

「我越是忙碌的時候越是手足無措、方寸大亂，因為不知道應該先做什麼，再做什麼，總是做會兒這個，然後再跑過去做點別的，結果什麼都做不成。」

現實生活中，有類似這樣感慨的朋友不在少數，他們之所以會有這樣的疑惑和苦惱，主要是因為他們無法很好地掌控自己的時間，缺乏時間管理能力，總是被時間牽著鼻子走。

看到這裡，可能有些朋友會問：「什麼是時間管理？」對於這個問題，有這樣一個定義做為回答：「時間管理是在日常事務中，執著並有目標地，應用可靠的工作技巧，引導並且安排管理自己及個人的生活，合理有效地利用可以支配的時間。」

時間管理的出現，很顯然是為了讓人們能夠更充分地、更自主地利用自己的時間，提高做事的效率。一個善於時間管理的人，他的工作、生活必然被他安排得井井有條，任何事情都在他的掌控之下，並且每件事情都會處理得非常漂亮。而一個缺乏時間管理能力的人，他的工作、生活很可能是一團亂麻，花費同樣的時間和精力，卻往往得不到良好的效果。

著名文學家魯迅，便是一個有較強的時間管理能力的人。

魯迅在紹興讀私塾的時候，父親患病，兩個弟弟還非常小。做為長子，魯迅不得不和母親一起分擔很多事情。白天的時候，他經常往返於當鋪和藥店之間，晚上回到家，還要幫助母親做家事。

在各種家務纏身的情況下，想要兼顧學業，不讓自己的學業受到影響，魯迅清楚自己必須做好精確的時間安排。

隨著年齡的增長，魯迅的興趣也越來越廣泛，不僅喜歡寫作，而且還熱衷於民間藝術，尤其是繪畫、傳說之類的。然而，一天下來，魯迅發現自己的空餘時間少之又少，幾乎沒有什麼時間來發展自己的興趣。

為了給自己的興趣騰出更多的時間，魯迅更加注重時間上的管理和調配，抓住一切可以利用的時間。白天，魯迅到私塾上課，晚上回到家後就迅速做功課和家事，這些事情都做完後，魯迅便開始閱讀自己感興趣的書籍。有時候，看到興頭就會忘掉時間，常常很晚才睡覺，這種習慣一直延續到魯迅工作後。

對魯迅來說，時間就是生命，也正因為如此，他非常反感那些成天東家跑跑、西家串串、說長道短的人。

在他忙著工作時，若是有人來找他閒聊，哪怕對方是自己的好朋友，他也會不留情面地說：「你怎麼又來了？難道你就沒有別的事情可做嗎？」

魯迅先生曾說過：「時間就像海綿裡的水，只要願意擠，總還是有的。」從這一句話中，我們就能看出魯迅先生是一個惜時如金、懂得管理時間的人。

正因為懂得管理時間，魯迅先生才能成為時間的主人而不是奴隸，自如地調控自己的時間；正因為懂得管理時間，魯迅先生才能在百忙之餘發展自己的興趣；正因為懂得管理時間，魯迅才能一步一步走向成功。

由此可見，珍惜自己現有的每一分每一秒，提高自身的時間管理能力，在有限的時間內創造出無限的價值，這是每一個想把自己經營成好品牌的人都應具備的素質。

如果不具備這種素質，不懂得珍惜時間、管理時間，那麼你將被時間管理，成為時間的奴隸。

剛剛大學畢業的李俊辰，顯然還沒有適應競爭激烈、壓力繁重的社會，生活如一團亂麻，怎麼理也理不清。

經歷了漫長的找工作過程後，李俊辰還是不知道自己到底能幹什麼，左思右想後，李俊辰決定投入考研究所的大軍中。

然而，李俊辰的父母並不贊同兒子的想法，他們希望李俊辰能找一份穩定的工作，不支持他繼續讀研究所，並且表示不再提供經濟支援。

為了維持自己的經濟來源，李俊辰臨時找了一份兼職，決定一邊打工一邊複習。但是，現實情況並沒有李俊辰想像得那麼順利、樂觀，由於是在一家飯店工作，李俊辰都是每天晚上去上班，這樣，生理時鐘就被徹底打亂了。

經歷一晚上的通宵工作後，李俊辰一回到家就累得睜不開眼，根本沒有多餘的力氣和精力用來學習，往往是看幾個字就已經倒頭大睡了。

由於最初的計畫沒能順利進行，李俊辰每天都心事重重、悶悶不樂，如此狀況，使得他晚上上班精力很不集中，工作效率大大降低。

為了不讓自己的工作性質阻礙自己的學習進程，李俊辰在不久後便換了一份工作，此外，他還報了一個週末輔導班，將工作時間和學習時間進行了細緻、有效地分割調配。至此，李俊辰的生活才漸漸步入正常軌道。

從李俊辰的經歷中，我們可以看出，學會管理時間，無論是對生活的安排、工作的安排，還是學習上的安排都是非常重要的。

如果你整天被時間追趕，總覺得時間一晃而過，那就說明你在浪費時間；如果你總是苦苦掙扎在現實與計畫的矛盾中，那就說明你在消磨時間；如果你總是在白白消磨和浪費時間之後才懊惱不已，那麼你很有可能將繼續懊惱下去。

要知道，時間的珍貴之處，就在於它的一去不復返，一旦錯過就不可能再重來。所以，我們一定要珍惜時間，提高自身的時間管理能力，努力做時間的主人。這就需要朋友們在日常生活中做到以下幾點：

1、提高時間管理能力，從節約時間開始

在這個世界上，每個人擁有的一天都是二十四個小時，在這相同的時間裡，有些人能夠做盡量多的事情，而有些人卻一事無成。之所以會產生這兩種截然不同的結果，主要是因為前者懂得節約時間、管理時間、利用時間，而後者則吊兒郎當、懶散怠慢，任由時間從指縫中溜過。

如果硬要論成就，前者必然比後者要卓越、突出，因為前者能在同樣的時間裡完成更多的事情，這在講求效率的當今社會，是非常重要的。

對我們每個人來說，節約時間是無時無刻的。不管在做什麼事情，都應該有節約時間的意識，比

如：當你在閱讀一本書時，如果感覺內容索然無味，沒有任何營養，自己無法從中獲得足夠的價值，那就應果斷丟棄，尋找另一本有益於自己的書籍；當你在看一部電影時，如果覺得毫無趣味，沒有任何吸引力，那就沒有必要再浪費後面的時間；當你發現你的性格並不適合現在的工作，你再也無法因為它而提起工作的熱情，或者你無法從現在的工作中，學習到任何有益於自己的東西，並且現在的工作環境，已經不能發揮出你自己最大的潛力，亦或是現在的工作與你的初衷大相逕庭，無法實現你的理想時，你也應果斷地做出決定，好好利用這些時間來想想自己的出路；當你發現正在著手的某件事情是錯誤的，或者毫無可行性時，最明智的做法就是懸崖勒馬，避免在錯誤的道路上越走越遠。

2、最大限度地利用自己有限的時間

著名作家及主持人吳淡如平均每天都要看一本書。

對此，有些人半信半疑地問她：「妳那麼忙，怎麼會有時間看書呢？」原來，吳淡如常常將書帶到攝影棚，在她看來，這樣做可以一箭三鵰：增長知識、減少聊是非的頻率、緩解工作壓力。

有一段時間，吳淡如的工作日程安排得非常緊，週末都在忙錄影，儘管如此，她依然能夠擠出時間來看書。就連她讀 EMBA 時，那些管理會計、財務管理等艱深課程的學習，都是在攝影棚完成的。

吳淡如的事例告訴我們，時間都是擠出來的，並且越擠越多，所以，任何時候都不要說自己「沒有時間」。你完全可以將零零碎碎的時間撿起來，最大限度地利用它們。

3、掌握時間四象限法，先做最重要的，再做最緊急的

時間四象限法，是美國管理學家科維提出的時間管理理論，也是當下非常流行的一種時間管理工具。

這個理論將待處理的事情按照「輕重緩急」的程度劃分成四類，依次為既重要又緊急的事情、重要但不緊急的事情、不重要但緊急的事情、既不重要又不緊急的事情。

在處理日常事務的過程中，應按照這個劃分，先處理既重要又緊急的事情，最後再做既不重要又不緊急的事情。

這裡，我們不妨一起來做一個實驗，相信看完這個實驗，朋友們能更好地理解、掌握時間四象限法。

取一個空瓶子，然後再找一些小石頭、大石頭、水和沙子。為了讓瓶子盡可能裝下更多的東西，應該按照怎樣的順序往裡面放呢？

正確的做法是，先放大石頭，其次放小石頭，接著放沙子，最後把水加進去。這樣就可以在瓶子中裝入盡可能多的東西。

實驗中的大石頭、小石頭、沙子、水，分別對應著時間四象限法中的四類事情，就像需要按照一定的順序擺放才能往瓶中裝入更多的東西一樣，處理事情也應該按照輕重緩急的程度來安排，只有先集中精力去完成既重要又緊急的事情，才能提高你做事的效率，幫助你有條不紊地處理事情。

【掩卷深思】

現實生活中，之所以有那麼多人覺得時間不夠用，並不是因爲時間走得太快，而是因爲這些人缺乏時間管理能力，將時間白白地浪費了。

爲了不讓這樣的事發生在自己身上，我們就應該在日常生活中有意識地培養自己的時間管理能力，眞正地參與到時間的應用和分配中，努力做時間的主人。

第四章

好品牌要有過硬的「軟實力」

平衡心態，讓「V」成為你的招牌動作

EXCE

1 知足常樂，把慾望控制在一個合理的範圍內

每個人都有慾望，也正是因為有了慾望的存在，人們才會產生越來越高層次的追求，才有了前行的動力。

但是，正如「水能載舟，亦能覆舟」一樣，慾望同樣是把雙刃劍，如果將慾望控制在一個合理的範圍內，則可以用它來激勵自己奮發前行，而一旦讓慾望像洪水猛獸一樣一瀉千里，不加約束，任由其肆虐，那麼我們必會墜入慾望的漩渦而無法自拔，最終不得不吞下苦果。

為了防止這樣的事情在自己身上發生，朋友們一定要提防慾望這把雙刃劍，不能受制於它，而是要學會知足常樂的智慧，把慾望控制在一個合理的範圍內，供自己差遣。

要知道，雖然慾望是人類與生俱來的，但如果被慾望牽制，沉溺於其中，你便會淪為貪得無厭的人。

相信大家都聽說過《漁夫和金魚》這則寓言故事：

很久以前，在藍色的大海邊，住著一對貧窮的老夫妻。他們在一間破舊的泥棚裡，住了整整三十三年。

有一天，老漁夫像往常一樣向大海撒下漁網，第一次網到的僅僅是一些水藻；第二次網上來的也只是一些海草；第三次老漁夫終於網到了一條魚。令人驚奇的是，這並不是一條平凡的魚，而是一條會說話的金魚。

金魚向老漁夫苦苦哀求道：「求求您把我放回海裡去吧！為了報答，您要什麼我都滿足您。」老漁夫聽後非常驚訝，捕了三十三年魚，今天還是頭一次遇到這麼離奇的事情。

看著金魚可憐的表情，善良的老漁夫動了惻隱之心，將金魚放回了大海。回到家後，老漁夫把自己離奇的經歷告訴了自己的妻子，妻子聽後破口大罵：「你這笨蛋，真是個老糊塗，你哪怕要個木盆也好啊！你看看家裡這個木盆都已經爛得不成樣子了。快去海邊把金魚叫回來！」

老漁夫畢竟是個「妻管嚴」，聽了妻子的一頓罵後，趕緊又回到大海呼喚金魚。金魚游到老漁夫身邊問道：「您需要什麼啊，老爺爺！」

老漁夫回答道：「行行好吧！魚姑娘，我那老太婆把我罵得不得安寧，她想要一個新木盆，我們現在用的那個，實在已經沒辦法繼續使用了。」

金魚聽後爽快地回答道：「好的，放心吧！我會滿足你們的願望。」

老漁夫回到家後，發現家裡果然多了一個新木盆，喜出望外，但是他的妻子卻劈頭罵道：

「說你蠢，你還不是一般的蠢，說木盆就只要了個木盆啊？木盆哪有木房子值錢啊！快給我滾回去要間木房子！」

老漁夫只好悻悻地回到大海再次呼喚金魚，金魚很快就出現了，她問道：「老爺爺，您需要什麼？」

老漁夫道：「我那老太婆看我只要回來一個木盆，非常氣憤，說還要間木房。」

金魚回答道：「您放心，木房馬上會有的。」老漁夫回到家後，發現原先住的泥棚不見了，取而代之的是一間嶄新的木房。老漁夫心想，這下老太婆肯定會很高興。

然而，老漁夫的妻子看到老漁夫後，又是一頓臭罵：「去跟金魚說，我再也不想當農民了，我要做貴婦人！」

如願當上貴婦人的老太婆還是不滿足，她變得越來越貪得無厭，幾個星期之後，她又指使老漁夫去跟金魚說自己要當自由自在的女皇。

成為女皇後，老太婆愈加頤指氣使，她沉溺於揮霍無度的奢侈生活，對老漁夫看都不看一眼。過了幾週後，貪得無厭的老太婆又召來老漁夫，盛氣凌人地說道：「給我滾回去，告訴金魚，我要做海上的女霸王，生活在海洋上，讓金魚來侍候我，聽我差遣！」

老漁夫不敢頂嘴，只好照辦。

金魚聽完老漁夫的復述後，一句話也沒說便轉身游走了。老漁夫等了很久也未見答覆，只得硬著頭皮回去見老太婆。令老漁夫驚訝的是，之前金碧輝煌的皇宮蕩然無存，呈現在自己面前的依舊是那間破泥棚，老太婆垂頭喪氣地做在門檻上，她旁邊還是那個破木盆。

德國著名心理學家弗洛姆，曾說過這樣一句話：「貪婪，是一個會給人帶來無限痛苦的地獄，它耗盡了人力圖滿足其需求的精力，但並沒有給人帶來滿足。」

是的，貪婪使人迷惑，使人不知滿足，使人喪失理智。就像上面寓言故事中的老太婆，因為貪婪，她得寸進尺，不斷地向金魚提出苛刻的要求，最終卻落了個竹籃打水一場空，一件幸運的事，也變成了遺憾的事。

這不得不讓我們深思。

慾望，就像一個無底黑洞，我們永遠看不到它有多深。人一旦對慾望不加控制，就會利慾薰心，失去理智，越來越貪，就好比被洗腦了一般，變得不擇手段，滿腦子想的全都是自己能得到什麼，佔有什麼。可是，這種人終將空手而歸，一無所得。

只有學會知足常樂，把慾望控制在一個合理的範圍內，不斷自我反省，才可能得到真正的幸福，才能在思想和行為上有止有度。

那麼，在現實生活中，朋友們應該如何來控制自己的慾望，讓自己保持良好的心態呢？最有效的辦法就是：懷有一顆感恩之心，珍惜自己擁有的一切，愛自己，相信自己，並且要拋棄「看別人時，是長處；看自己時，是不足」的角度。貪慾和知足只在一念之間，關鍵在於我們的心態和內在的充實度。

有一個小女孩，一出生就患上了腦性麻痺，這個病，損害了她全身的運動神經和語言神經。她不僅臉部畸形，一嘴口水，還失去了「說話」的能力。

在外人眼裡，這個小女孩活脫脫就是一個怪物。但是，堅強的她並沒有被身體上的痛苦和他人異樣的眼光所打敗，也沒有自怨自艾。

國小二年級時，在老師的啟迪和鼓勵下，小女孩找到了人生的方向——當一名畫家。為了研讀藝術，中學一畢業，這個小女孩就去了美國洛杉磯學院和加州州立大學深造。在付出比常人更多的努力後，她終於獲得了加州大學的藝術博士學位。而她的畫，也震撼了全世界。這個小女孩，就是臺灣大名鼎鼎的黃美廉。

在一次演講會上，一個學生問她：「黃博士，您從小就和正常人不一樣，請問您怎麼看您自己？難道您從來都不曾怨恨過嗎？」

聽到這個學生的提問後，在場很多聽眾都皺起了眉頭，覺得這個問題對黃美廉太不敬，怕她心裡承受不住。然而，出人意料的是，不能說話的黃美廉坦然地笑了笑，轉身在黑板上寫下了這樣幾行字：

1、爸爸媽媽都很愛我！

2、我很可愛！

3、我會畫畫，我會寫稿！

4、我的腿很長很美！

5、我有一隻可愛的貓！

6、上帝這麼愛我！

7、還有……

最後，她總結道：「我只看我所有的，不看我所沒有的！」

「只看我所有的，不看我所沒有的」，這個信念有多少人能真正做到呢？現實生活中，很多人都只看到自己所沒有的，而完全忽略了自己所有的。

這樣的人，往往外在愈是豐富的同時，內在卻愈是荒蕪、空虛，總會不斷地去吞噬更多外在的東西，以填補內心的空虛。

而一個如黃美廉一樣內心充盈的人，則會感受到發自內心的動力，而不是源源不斷的慾望，他們掌握了知足常樂的智慧，懂得控制自我慾望，駕馭自己的人生。

所以，要想擁有一個好的心態，朋友們一定要豐富自己的內心，領悟知足常樂的真諦，把慾望控制在一個合理的範圍內，並且不時地自我提問：這種慾求是合理的嗎？它是超出能力的貪慾嗎？

相信這樣的自我提問，一定能幫助你明確貪婪的物件與範圍，不使自己陷入慾望的漩渦。

【掩卷深思】

學會知足，並不是說自己不能、不會或者不該得到更多的東西，而是提醒自己要珍惜自己擁有的東西，不要總去追求不屬於自己的東西。很多時候，我們並不是擁有的太少，而是慾望太多，而一旦慾望不受控制，它就會像毒蛇一樣吞噬著我們的內心，讓我們的內心不得安寧。

2 換個角度看問題，橫看成嶺側成峰

「橫看成嶺側成峰，遠近高低各不同。不識廬山真面目，只緣身在此山中。」這首膾炙人口的詩，出自北宋文學家蘇軾之手，這位大文豪用簡短的幾句話，告訴了我們一個深刻的處世哲學：因為每個人所處的地位不同，看問題的出發點不一樣，對客觀事物的認知難免有一定的侷限性，如果想要瞭解事物的真相或者全貌，就必須擺脫一成不變的主觀偏見，試著換個角度來看問題。

一張照片換個角度，可以拍出兩種截然不同的效果，同理，一件事情換個角度，也可以得出不一樣的結論。就像某廣告語所說：「高度決定視野，角度改變觀念，尺度把握人生。」站在不同的高度，你會看到不一樣的風景；處於不同的角度，你會得到不同的認知；把握不同的尺度，你會擁有不同的人生。

在與他人相處時，換個角度是設身處地為他人著想，是孔子所提倡的「己所不欲，勿施於人」；在工作和學習中，換個角度就是換一種思維、換一種方法，是一種創新和探索。

在現實生活中，只要試著換個角度看問題，你就可以從紛繁複雜的瑣碎中解脫出來，從鉤心鬥角的環境中脫離出來，你看到的世界將會越來越美好，你的心態也會越來越平和。

羅志峰是一所著名大學的商學院畢業生，從知名大學剛畢業時，他意氣風發、躊躇滿志，立志一定要做出一番事業來，做一位成功人士。可是，進公司三個月後，羅志峰就覺得自己已經沒有辦法再在這個公司生存下去了，左思右想後，他打算辭職。

當羅志峰將自己的決定，告訴朋友汪磊誠後，汪磊誠不解地說道：「你現在這個公司挺有名氣的，我覺得你在公司的發展空間也很大，為什麼突然決定辭職呢？」

「因為部門的同事都特別愛計較，一個個都目光短淺，沒有遠見，而且我覺得所有人都看我不順眼，處處針對我。最主要的是，我們經理是個無能之輩，在他的領導下，我永遠沒有出頭之日，更別說有什麼好的發展前景了。我已經無法忍受了，如果不辭職的話，我遲早會崩潰的！」羅志峰把鬱積在心裡的苦悶一股腦兒地發洩了出來。

「怎麼這麼苦大仇深啊！到底發生什麼事了？」朋友汪磊誠關切地問道。

「我們經理總是把工作分給大家，自己什麼都不幹，你說他有什麼能力？而且同事也總是給我很多工作，這明明就是跟我過不去嘛！你說，我能不辭職嗎？我要是再做下去，過不了多久，就會精神崩潰的！」羅志峰情緒有些失控。

「那如果你是經理，你會怎麼做呢？」朋友汪磊誠問羅志峰。

「我又不是經理我怎麼知道，況且我也沒有必要知道！」羅志峰沒好氣地說。

「可是從商學院畢業，你也應該明白，做為管理者，你們經理的主要任務，不是把一切工作都攬在身上，衝鋒到一線，而是幫助下屬解決工作中的困難，為本部門爭取到更多的資源。要是他像其他人一樣什麼都做，他這個經理也就和普通員工沒什麼兩樣了。」朋友汪磊誠開導羅志峰道。

「可是，他也總不能把所有工作都推給我們做吧！」羅志峰的語氣雖然有一些緩和，但還是一臉的不服氣。

「那你說他每天都做些什麼？是玩遊戲、打私人電話、看閒書嗎？」看羅志峰不吱聲，朋友汪磊誠又繼續說，「大概不是。所以啊，你得換個角度，站在你們經理的位置想想，為了協調部門裡的工作，他需要做什麼？為了解決你們下屬的問題，他又需要採取什麼措施？還有，他在預測工作中會遇到什麼樣的問題？這些都是他需要做的，你怎麼能指責他什麼都沒做呢？」朋友汪磊誠反問道。

聽了朋友汪磊誠的話後，羅志峰陷入了沉思。

上面故事中的主角羅志峰，因為不懂得換個角度看問題，從而對經理、同事產生了偏見，導致自己的情緒發生波動，甚至產生了辭職的念頭。如果羅志峰和他的朋友汪磊誠一樣，懂得換個角度看問題，多進行換位思考，他就不會抱怨經理「什麼事都不幹，沒有本事」，而是明白經理的職責和普通員工是不一樣的，同樣他也不會埋怨同事總給自己很多工作，因為從另一個角度來看，這也是鍛鍊自己的好機會，既幫助了同事，又提高了自身的能力，何樂而不為呢？換個角度看問題，在處理人與人之間的關係以及看待、完成事情的方法上，都有著非常重要的作用。而且很多時候，你會發現，換個角度看這個世界，就是絕境中的逢生，就是「山窮水盡疑無路」之後的「柳暗花明又一村」。

那麼，在將自己經營成好品牌的過程中，我們應該如何換角度看問題，以此來平衡自身的心態呢？

這裡給出以下幾點建議：

1、要知道這個世界上，任何事情都具有兩面性，每個人的思維、觀念、人生觀都是不一樣的

同一件事情，從不同的角度看，就會得出不同的結論，不同的人，對待同一件事情，也會有不一樣的看法，這是再正常不過的事情，就算是最親近的人，也不可能想法、意見完全一致。有了這個認知前提，在遇到一件讓你糾結的事情時，在和他人意見產生分歧時，你才能保持平和的心態，不至於情緒失控、咄咄逼人，而是有更多的包容與理解。

2、要有同情心和寬容心

無論社會如何發展，科學技術和物質文明如何提高，都改變不了一個事實，那就是「做人不易」。不管是富豪還是貧民、老師還是學生、老闆還是員工，都是非常不易的。既然大家都不易，我們就不應該對他人的失意、挫折、痛苦幸災樂禍，而是懷著一顆善良、關懷的心，去體恤他人。

3、換位思考

所謂換位思考，就是設身處地為他人著想，在互相寬容、理解的基礎上，站在別人的角度思考問題。要做到這一點，具體應該從以下兩方面入手：

（1）將自己置身於對方的處境和問題之中，設想如果這件事情發生在自己身上，自己會有什麼想法，做出怎樣的反應。

（2）以對方的思維方式來思考問題。因為每個人的思維方式不同，對待同一件事情也會有不同的反應，所以不妨試著站在對方的位置，用對方的思維方式來思考問題，只有這樣，才會更加容易理解、包容對方的行為。

4、尊重他人，尊重自我

每個人都有自己的優點和缺點，不可能十全十美，也不會一無是處。尊重他人，就是不苛求他人與自己保持一致，就是以平常心態接納他人、欣賞他人，真正做到設身處地為他人著想，盡量體諒別人的難處，尤其在他人需要幫助的時候及時伸出援助之手。

5、避免以己度人，就是不要以自己的想法去揣度對方

我們總自以為是的拿自己的想法去衡量他人，結果往往將事情弄糟。所以，在人際交往中，一定要避免以己度人。

6、善於控制情緒

學會控制自己的情緒，才能保持平和的心態，才可以理性地思考問題，進行換位思考。

7、要明白「己所不欲，勿施於人」的道理並在實踐中履行

用自己的心推及別人，想想你不願意別人怎樣對待你，你就不要那樣對待別人。

【掩卷深思】

遭遇痛苦、磨難或者與他人發生分歧的時候，請試著換個角度看問題吧！你會發現，用另外一種角度去審視這個世界，會得到截然不同的感受，你的心態會因此變得更加平和，你的心胸會變得更加開闊，你的生活會變得更加快樂。

3 在煩惱面前做一個健忘的人

生活在這個世界上，遭遇煩惱是在所難免的，它就像躲藏在暗角的貓，隨時都可能跳出來撓你一爪子，讓你防不勝防。

在現實中，我們總存在這樣那樣的煩惱：我們會煩惱工作上的事情，包括就業、升職、加薪、辦公室鬥爭；我們會為經濟而煩惱，抱怨薪水低，擔心離職後的失業，不甘於同學或朋友比自己賺得多，為買不起房子、車子而煩心；情感上的事情，也總是隔三差五地來煩擾我們……

面對這些不速之客，只有極少數朋友懂得聰明應對，他們悄悄地在心中為自己種上一棵「忘憂草」，學會在煩惱面前，做一個健忘症患者。而絕大多數朋友，則會陷入這諸多的煩惱中，無法自拔，他們被這些煩惱吞噬著，內心不得安寧，精神壓力也越來越大，甚至產生自我否定等消極心理。

李博德大學畢業後，在家鄉小城的政府機關裡當一名公務員。

雖然薪水不是很高，但和周圍那些沒有穩定工作的朋友相比，李博德覺得自己運氣還不錯，也樂意過著這種平凡安逸的生活。

然而，萬萬沒想到的是，五年後的大學同學聚會，徹底地擾亂了他平靜的生活。

在聚會上，李博德見到了多年不見的老同學，因此異常興奮，但是一陣談天說地之後，李博德的神情漸漸黯淡下來，話也少了很多。

之所以會有這樣明顯的轉變，是因為李博德發現，曾經的同窗，很多都走上了經商之道，自己創業打拼，如今已是功成名就。他們開的是名牌跑車，住的是獨立別墅，甚至他們的老婆也比自己的老婆漂亮有氣質。

再想想自己現在的生活狀況，平淡得像寡淡無味的白開水，每個月固定的死薪水，少得可憐，房子是貸款買的，每個月還要抽出薪水的一大半來還房貸。自己那輛國產車往人家名牌跑車旁邊一停，顯得十分寒酸。李博德越想越覺得自己不如人、沒本事，越想越心煩，還沒等聚會結束就隨便找了個藉口，悶悶不樂地回了家。

同學聚會之後，李博德的煩惱不但沒有消散，反而越來越強烈。他整日愁眉苦臉，逢人便抱怨自己的薪水太少、車太差、老婆不夠體貼、生活很無趣等等。

周圍的人聽後都勸慰他，叫他不要死揪著這些煩惱不放，應該想開一點，往積極好的一面看。但李博德怎麼也擺脫不了這些咬齧內心的煩惱，這給他帶來了巨大的精神壓力，也失去了往日的笑容，儼然變成了另外一個人。

李博德之所以會變成這樣，主要是因為在煩惱面前，他不懂得做一個健忘的人，也不曾想在自己的心中種一棵「忘憂草」。他縱容放任煩惱吞噬自己的心靈，致使自己無法快樂地生活。

英國著名作家薩克雷，曾說過這樣一句話：「生活是一面鏡子，你對它笑，它就對你笑；你對它哭，它也對你哭。」任何事情都具有兩面性，關鍵是在於我們怎樣面對自己的煩惱。

這就需要朋友們做到以下幾點：

1、明確自己的行為和心態

在這個競爭激烈、人心叵測的社會，產生煩惱等不良情緒是在所難免的。感到煩惱時，很多人都會隨之產生相關的消極情緒，覺得自己做的事情沒有什麼意義，因此經常會陷入這樣一種混亂無序的狀態，一會兒想做這件事，一會兒想做那件事，一會兒又什麼都不想做，結果導致自己總是有一種茫然失措和心神不定的感覺。

由此可見，產生煩惱的最直接因素主要有兩個：不明白自己應該做什麼，不清楚自己所做的事情是否值得。而想從根本上消除煩惱，朋友們應該首先弄清楚這兩個產生煩惱的主要因素，並且有針對性地予以解決。

2、對自己不要過於苛刻

有些朋友有完美主義傾向，做事總是力求十全十美，甚至到了吹毛求疵、無比苛刻的地步。這樣的人，經常會為生活、工作中出現的小瑕疵而懊惱自責，心中總是有深深的挫折感和失敗感。

為了防止自己成為這樣的人，你應該正確估計自己的能力，事先就把目標和要求，規定在自己能實現的範圍之內，學會欣賞自己的成就。每當實現一個目標，就給自己一定的鼓勵，這樣，自信和快樂，就會慢慢地主動向你投懷送抱。

3、找到適合自己的宣洩方式

任何煩惱都需要一個宣洩的出口，如果煩惱總是積鬱在心裡，找不到出口，那只會讓自己的心態越來越失衡。所以，想要擁有一個良好的心態，一定要找到適合自己的宣洩方式，及時宣洩自己的煩惱，比如找知心朋友傾訴、唱歌、做運動、寫日記等等。只有及時地宣洩和調整，才能甩掉煩惱，平衡心態。

4、拒絕盲目攀比

《牛津格言》中有這樣一句：「如果我們只是想獲得幸福，很容易就能實現。可是要是想比別人更幸福，那就會變得非常困難。因為我們對別人幸福的想像，總是遠遠超出實際。」此話一點也不假，但是在現實生活中，卻鮮少有人做到，很多人都像上面故事中的李博德一樣，一門心思與周圍的人攀比，如果自己比別人好，就會自鳴得意，如果自己不及他人，就會煩惱不已，甚至心生嫉妒，讓自己的內心不得安寧。這種盲目攀比的做法，顯然是不可取的，朋友們一定要杜絕這種心理，做一個自信自強的人。

5、有意識地轉移自己的注意力

當你感到煩惱的時候，如果你總將自己的注意力，放在某件令你煩惱的事情上，你往往會更煩惱。因此，在遭遇煩惱的事情時，不妨試著將自己的注意力，轉移到別的自己感興趣的事情上，比如專心工作、計畫未來、運動、旅行、購物、看電影等等。

相信只要努力做到以上幾點，你就能夠培養出自己良好的心態，在煩惱面前做一個健忘的人，把自己經營成好品牌。

【掩卷深思】

英國著名小說家狄更斯，曾說過這樣一句話：「莫把煩惱放心上，免得白了少年頭，莫把煩惱放心上，免得未老先喪生。」爲了不讓煩惱傷及自己，朋友們一定要在現實生活中小心提防。

4 只要心存希望，一切皆有可能

所謂希望，就是一個人心中最真切的幻想、盼望和願望，是一種指引我們忘記恐懼的強大力量。從廣義上來說，希望是情緒的一種另類表現，而這種情緒來自於，我們在面對某些因素時，所表現出來的積極情感。希望意味著一定程度上的不屈不撓，也就是說，當一個人心存希望時，他也會相信一些積極的東西會成為現實，即使此時有不少與之相反的事物發生。

相信在現實生活中，有很多朋友都深刻得到過希望的感召，比如因為迫切希望取得優異的成績，在班上名列前茅，而加倍地埋頭苦讀，刻苦學習；希望鍾意的女孩，成為自己的女朋友而窮追不捨；為了在工作上升職加薪，更加賣命地加班……

之所以會有以上各式各樣的行為，是因為很多人內心，都懷有一種叫做「希望」的東西。

一個人的內心，如果缺少了希望，就算他有火眼金睛，他也無法看到屬於這個世界的五彩顏色；一個人的內心如果缺少了希望，他的生活必然了無生趣，黯然失色；一個人的內心如果缺少了希望，他就會失去行動的熱情和前行的勇氣。

一九五二年七月四日的清晨，美國加利福尼亞海岸濃霧瀰漫。這時，三十四歲的婦女弗羅倫絲．查德威克從海岸以西二十一英里的卡塔林納島，躍入了太平洋的海水中，開始橫渡加州海峽。

如果這次游渡成功的話，她就將成為世界上第一個橫渡這個海峽的女性。在這之前，她就已經是游過英吉利海峽的第一位女性。

那天早晨，海水冰涼，凍得弗羅倫絲．查德威克全身發麻。更糟糕的是，海面上霧氣很大，大到連一直在她附近護送她的輪船，她幾乎都看不到。

時間一點點過去，全國有數千萬觀眾守在電視機前，關注著弗羅倫絲．查德威克的這一壯舉，他們都想看看這位三十四歲的婦女是否能成功游過海峽。

有好幾次，鯊魚靠近了弗羅倫絲．查德威克，都被護送的人開槍嚇跑了。弗羅倫絲．查德威克並沒有被此嚇到，仍然堅定地朝前游著。

十五個小時之後，弗羅倫絲．查德威克又累又冷，游得越來越吃力，這時，在另一艘船上的母親和教練都告訴她離海岸已經很近了，鼓勵她不要放棄。但是弗羅倫絲．查德威克朝加州海岸望去，除了一片濃霧什麼也看不到，她不禁心灰意冷。

幾十分鐘後，也就是從她出發算起的第十五個小時五十五分鐘之後，弗羅倫絲．查德威克的體力已經完全透支，她清楚自己已經沒有力氣再游了，就叫人將她拉上了船，至此，橫渡以失敗告終，而此時她距離加州海岸只有半英里。

之後，她對記者說：「說老實話，我不是在為自己找藉口。如果當時沒有大霧，我能望見海岸，心裡尚存一絲希望，也許我就能堅持游到岸。」

弗羅倫絲．查德威克一生中的游渡經歷就只有這一次半途而廢。兩個月之後，她再次出擊，終於成功地游過這個海峽。

從上面這個故事，我們不難看出弗羅倫絲．查德威克第一次橫渡卡塔林娜海峽失敗的原因，正是由於她在濃霧中看不到目的地，內心沒有了希望，從而失去了繼續游下去的熱情與勇氣。

英國著名作家笛福筆下的魯濱遜，也是一個胸懷希望、心態樂觀的人。

魯濱遜在前往南美的冒險之旅中，因為遇到超級大風暴，而漂流到了一個荒島上，這個荒島是個鳥不拉屎的地方，百分之百的不毛之地，而最糟糕也最幸運的是：他是十個人中唯一的倖存者！

形單影隻的魯濱遜，並沒有因此而放棄希望，相反，他正是用希望喚起了自己行動的熱情。

他養了一群山羊和一群牛，還建造了一間溫馨的小房子，甚至擁有了一個叫「禮拜五」的黑人助理。如果換作是一般人，連生存下去都是問題，更別提發展畜牧業跟養殖業了。

當魯濱遜看到第一袋麥子時，他並沒有猴急地把它吃掉，也沒有抱怨麥子的數量太少，而是看到了一個新的希望。他找到一塊肥沃的田地，把小麥種了下去，等到豐收的時候，麥子越來越多，他才開始享受麥香。

二十八年過去了，當初那個荒無人煙的荒島，已經被魯濱遜改造成了一片生機勃勃的莊園，而這些成就，都來自魯濱遜那不曾熄滅的希望，以及由這些希望催發的行動。

魯濱遜憑著自己的努力，獲得了巨大的物質財富，而對我們來說，魯濱遜那心懷希望、堅持執著、永不放棄的精神，才是真正值得我們學習的。

在《魯賓遜漂流記》這本書中，當魯濱遜一個人被遺棄在荒島上時，他有一段令人難忘的心靈獨白：「在我的心裡，突然產生了一種極度孤獨的感覺。很多次我都忍不住大聲呼喊，要是我身邊能有一個夥伴跟我一起奮鬥該多好啊！他能在我寂寞無助的時候和我聊天，在我遇到困難的時刻，伸出援助之手，至少可以消除我的孤獨之感。也許我的希望已經凍結了。」

看來，就算是像魯濱遜這樣樂觀積極的人也會有無助的時候，更別說一般人了，但是魯濱遜的成功，就在於他克服了這種消極的情緒，讓希望主宰了他的靈魂，從而走出了陰暗的低谷。

生活在現代社會的我們，比魯濱遜當時所處的環境，不知要好多少倍，我們有關心我們的朋友，共同患難的伴侶，還有經驗豐富的長輩，但是我們卻少了一件最重要的東西，那就是希望：無窮無盡的希望、永不放棄的希望、戰勝一切困難的希望。

只要心中懷抱著希望，它就會牽引著我們做出相應的行動，去改變目前困窘的狀況，像魯濱遜那樣走出情緒的低谷，找到屬於自己的明媚春天，把自己經營成優秀的品牌。

【掩卷深思】

希望是個好東西，它能激勵人們不斷地爲之奮鬥，引領人們走向成功。只要心存希望，一切皆有可能。當然，在懷抱希望時，也應該注意兩點：首先，要堅持實事求是、希望與現實相結合的原則。也就是說，所懷抱的希望一定要和現實相結合，切忌不符合實際。因爲如果希望脱離實際，便無法實現，這樣一來，行動的熱情勢必會受到打擊，激情也會隨之消滅。

其次，一旦行動，就要堅持到底，不能三天打魚，兩天曬網。很多人都是「三分鐘」熱度，堅持不了多久就中途放棄，這不僅無法實現内心的希望，還會養成淺嘗輒止的壞習慣以及不負責任的態度。

5 讓挫折成為前進的動力，而不是絆腳石

俗話說：「人生不如意事，十之八九。」這句話一點也不假。生活在這個世界上，每個人都會遇到這樣那樣不順心、不如意的事情，遭遇這樣那樣的挫折和困難。

面對這些「不速之客」，有些人會在絆倒後一蹶不振，從此消沉，而有一些人則會從絆倒的地方爬起來，更加堅定地前行。

不同的選擇，理所當然會導致不一樣的結果，消沉的很可能就這樣永遠消沉下去，而選擇繼續前行的，則很有可能成為生活的強者。

那些想要成為好品牌的朋友，在遭遇困難挫折時，最需要做的就是接受挫折，當作是收穫人生的另一種財富，讓挫折成為前進的動力，而不是絆腳石。

現實生活中，那些已然把自己經營成好品牌的人也是這麼做的，他們把困難挫折，當作人生中的一

筆財富，就算自己身處困境之中，也能用堅強的意志，為自己開闢出一條陽光大道。

趙靜怡已經是一個十八歲的大女孩了，但是她的身高卻不到一百一十公分。因為小時候生病吃錯藥，導致趙靜怡的身高一直停留在五、六歲孩童時期，不僅如此，趙靜怡的身體也一直很虛弱。

對任何人來說，這都是一個不小的打擊和人生挫折，儘管趙靜怡也不例外。但是她並沒有將這個挫折，做為阻礙自己前進的藉口，因為她深信：生活中的變故是不可避免的，猝不及防的挫折，也許會給自己帶來新的機會，只要勇敢地往前走，就能獲得新的人生。

有了這個堅定的信念後，趙靜怡和其他正常孩子一樣，心懷夢想和抱負，她希望可以依靠自己的力量自食其力，不要一直都生活在爸爸媽媽的庇護下。

讀高中後，功課明顯加重，壓力也越來越大，趙靜怡的父母不忍心女兒受這麼大的苦，就勸她放棄學業。但是趙靜怡說什麼都不同意，她時常對父母說：「別人能做到的，我也一定能做到，我相信上帝為我關上一扇門的同時，也必然會為我打開另一扇窗。」

為了取得父母的支持，趙靜怡晚上做完功課後，還會繼續念一個多小時書，她希望用自己優異的學業成績，向父母證明自己也能做到。

皇天不負苦心人，在不斷地努力下，趙靜怡的學業成績有了顯著的提高，從最初的中等成績到班上前十名，她邁出了結實的一大步，並因此獲得了父母的支持。

此後，不畏挫折、勇往直前的趙靜怡，順利地考入了大學，接著步入社會。在求職面試的時候，趙靜怡遭到過無數的白眼和嘲諷，但是她都沒有因此而氣餒或者停滯不前，她還是一如既往地投履歷、面試，最後上帝終於為她打開了一扇窗戶。

一家曾面試過三次的公司，在趙靜怡第四次面試的時候錄取了她，理由很簡單：趙靜怡堅強執著，不在挫折面前低頭，而公司恰恰需要這樣的人才。

如今，趙靜怡已經從一名普通員工做到了部門經理，她的生活又翻開了新的篇章。而她也始終相信，挫折中孕育著新的機會。

故事中，趙靜怡對待挫折的態度，值得我們每一個人學習。就像英國著名的小說家薩克雷所說：「只要你勇敢，世界就會讓步。如果有時它戰勝你，你就要不斷地勇敢再勇敢，世界總會向你屈服。」是的，只要你在困難和挫折面前勇敢一點、努力一點，你終將克服重重困難，從困境中突圍出來。

這從心理學角度來看，也是完全說得通的，因為人體就像一個大的化工廠，你有什麼樣的心情，身體就會進行什麼樣的化學合成，所以，對正處在挫折中的朋友來說，保持一種強大的心理力量，是非常重要的。

一個能把自己經營成好品牌的人，必然會給自己一個有力的精神支撐，如此一來，那些潛藏在意識深處的精力、智慧以及勇氣就會被調動起來，這樣的話，他們就會更加勇敢地，面對生活中所遭遇的挫折和困難，盡自己最大的努力迎接挑戰，從而讓自己成為生活中的強者。

所以說，受挫並不是一件多麼可怕的事情，它是每個人成熟的必經之路。感受一次挫折，就會對生活加深一層理解；遭受一次磨難，就會對成功有更深刻的感悟；經歷一次失敗，就會對人生增添一層新的體會。

想要獲得成功，朋友們首先就要經歷挫折、領悟挫折，讓挫折成為前進的動力，而不是絆腳石。

【掩卷深思】

俄國著名作家契訶夫，曾經說過這樣一句話：「如果你的手指扎了一根刺，那你應該高興，慶幸這根刺不是扎在眼睛裡。」生活中總是充滿了各種困難和挫折，這就是生活的眞諦。

6 停止抱怨，改變你能改變的，接受你不能改變的

「我跟一個朋友一起去那家公司面試，結果他被直接錄用，而我當場就被斃掉了。我也不覺得他比我強到哪去呀！」

「大學跟我一起瘋玩的那女孩，現在找了一份特別好的工作。以前也不覺得她有多優秀啊，現在竟然混得這麼好。唉，我怎麼淪落到現在這個地步啊！」

「連著加了好幾個星期的班了，累得跟狗似的，也一直不見晉職加薪。公司到底有沒有天理啊！」

「公司尾牙會上表演的那個相聲也不怎麼樣，還沒我的獨舞好呢！竟然得第一名，評審瞎了眼吧！」

稍加留意，你就會發現，現實生活中，身邊的很多人，甚至包括你本人，一直生活在充斥著抱怨的

世界裡。試著想像一下，如果你周圍全都圍繞著，這樣一張一合不停抱怨的嘴巴，你會不會有一種快要窒息，想要逃離的感覺呢？

是的，抱怨不僅解決不了任何問題，反而會讓身邊的人越來越厭惡你。

一個愛抱怨的人，總是覺得整個世界都虧欠他，生活中的一切都是他抱怨的對象，整天憤憤不平、鬱鬱寡歡、牢騷滿腹。把自己的生活弄得烏煙瘴氣不算，他們還要去不斷地污染、攪擾他人的生活。這樣的人，誰見了都會躲得遠遠的。

聖經裡有這樣一句話：「改變你能改變的，接受你不能改變的。」這個世界並不公平，每個人的生活也不可能完美，與其一味抱怨，不如想辦法改變現狀。如果無法改變，那就試著改變自己的態度吧！接受現實，停止抱怨牢騷，也許，你會在轉角處發現完全不一樣的風景。

吳志峰是一名普普通通的計程車司機。像其他很多計程車司機一樣，吳志峰一天的大部分時間，都是在抱怨計程車行業競爭太激烈、油價漲得太快、自己每月賺得薪水太少……時間就這樣在怨聲載道中飛逝，生活了無生趣，毫無希望可言。

直到有一天，吳志峰無意在廣播裡，聽到某位勵志成功學大師的訪談，這位大師說：「停止抱怨跟牢騷，你就可以在眾多的競爭對手中脫穎而出。記住，千萬不要做一隻鴨子，要立志成為一隻在高空翱翔的雄鷹。鴨子只會『嘎嘎』地亂叫瞎抱怨，而雄鷹卻能在廣闊的藍天中展翅高飛。」

大師的這段話如醍醐灌頂，讓吳志峰茅塞頓開，他暗暗下定決心，要努力做一隻振翅高飛的「雄鷹」。

吳志峰並不只是口頭說說而已，他開始留心觀察整個計程車行業的現狀，在這個過程中，他發現許多計程車的衛生狀況都很糟糕，司機的態度也非常惡劣。對此，吳志峰決定做一些實質性的改變。每次顧客上車，吳志峰都會主動下車幫助乘客打開後車門，如果客人帶有行李，吳志峰還會積極幫助乘客將行李放到後車廂。

乘客一上車，吳志峰就會遞給對方一張製作精美的宣傳卡片，上面清清楚楚地寫著自己的服務宗旨：在愉快的氛圍中，將我的客人最安全、最快捷、最省錢地送到目的地。

為了讓乘客打發車上無聊的時間，吳志峰還在車上準備了很多報紙雜誌，更周到的是，吳志峰還會給乘客一張各個電臺的節目單，讓乘客自己選擇喜歡聽的音樂廣播。在大家眼裡，吳志峰這樣的服務簡直是天堂級待遇了，但是他還嫌不夠全面，經常詢問乘客車裡空調的溫度是否合適，還會針對乘客到達的目的地說出最佳路線。

吳志峰的生意越來越好，幾乎不需要在停車場裡等待客人，一天下來也沒有歇停的時候，往往是剛剛送完這個客人，就馬上接到另外一個客戶的預約電話。這樣堅持下來的第一年，吳志峰的服務品質廣受好評，在行業內有口皆碑，收入很快翻了一番。據說今年的效益更好。

而當初的那些同事，在「眼紅」吳志峰總有好生意的同時，仍然「樂此不疲」地抱怨著自己越來越差的境況。

面對黯淡無光、了無生氣的生活，吳志峰決定不再抱怨，也不再牢騷，而是以樂觀的心態去面對現實，並且充分發揮自己的主觀能動性，努力去改變自己的現狀，讓原本看似無望的生活又充實、美好起來。而只知一味抱怨的人，如吳志峰的那些同事，卻只能原地踏步，甚至越來越倒退。

這就說明，不同的態度決定了兩種截然不同的人生。

那麼，在日常生活中，朋友們應該怎樣做，才能有效防止抱怨的產生呢？

我們不妨來看看下面幾個方法：

1、問題出現時，應考慮本質，而不應抱怨他人

許多人在問題出現時，第一反應就是抱怨別人，這種習慣是非常不好的。抱怨他人，不僅解決不了問題，而且會給人留下愛推卸責任的壞印象。

2、培養樂觀積極的心態

一個消極悲觀的人，總是看不到事情的積極面，無法找到生活的目標，生活中也自然缺少很多快

樂，這也勢必提高了牢騷產生的機率。所以，日常生活中，應該積極主動地面對和處理問題：

（1）給自己做一個周詳的計畫

不管是在工作上還是生活上，都給自己制訂一個周詳的計畫，並且將計畫付諸實踐，這樣可以使自己的生活更加充實，心情更加舒暢，抱怨也自然會減少。

（2）合理安排自己的時間

合理利用時間是執行計畫的重要一步。合理地利用時間，可以提高工作效率，而且還可以利用閒暇來做自己喜歡的事情。

（3）善於總結

根據計畫執行的情況，應定期總結自己這一段時間以來的得失。客觀看待出現的問題，認清自己的不足，不斷完善自我。

3、對自己不要太苛刻

有些人是典型的完美主義者（用現在的話說是「龜毛」），不僅做事要求萬無一失，而且對自己也苛刻到吹毛求疵的地步，經常會因為一些小到可以忽略不計的瑕疵而深深自責，結果累己累人。

為了避免挫折感，減少抱怨的機率，應該將目標和要求，設定在自己的能力範圍之內，這樣心情才會放鬆舒暢。

4、不要對他人寄予過高的期望。

不僅對自己不要太苛刻，對待他人，也不應寄予過高的期望。期望過高，如果對方沒有達到自己的要求，就會產生很大的失落感，抱怨也會隨之增加。

5、要有自信心

有了自信心，才會相信自己的能力，遇到挫折和困難時，才不會怨天尤人、束手無措。

6、要學會換位思考

對於他人的所作所為，不要總是抱怨，而應學會換位思考，站在別人的角度，設身處地為他人著想，這樣你將發現很多你沒考慮到的情況，從而進一步思考別人為什麼會這樣做，直到找出問題的根源和解決的辦法。

【掩卷深思】

生活在這個世界上，難免會遭遇不順心、不開心的事情，對此，抱怨是毫無用處的，不如努力改變你能改變的，坦然接受你不能改變的。

7 與自卑之間畫一條「三八線」

英國美國作家湯瑪斯．潘恩曾經說過：「自卑是人類美好生活的天敵，它會使原本美麗的人變得無比憔悴，會使本該幸福的人變得焦躁不安。人類只有消除自卑，戰勝自我，才能讓自己的生活更美好。」

如其所說，自卑是人們生活中的「剋星」。

一個自卑的人，總是覺得自己事事不如他人，因此變得畏縮、毫無鬥志，甚至自暴自棄，面對任何事情，第一反應就是「我會失敗的」、「我不行」、「我天生就是這樣」、「我沒希望」……如此這般，生活也開始變得黯淡無光，毫無驚喜可言。

據調查顯示，在我們的生活中，至少有百分之九十以上的人，受到自卑的困擾。這些人都有一個共同的特點：他們總是覺得自己不如別人。正是因為有這樣的感覺，他們不能正確地看待自己、衡量自己，總是沉浸在消極的情緒中。

何家軒，二十五歲，從事人力資源管理工作。由於家境貧寒，何家軒從小就很自卑，不太合群，朋友也非常少。

自從畢業到現在已經三年了，何家軒一直處於不斷找工作、換工作的狀態。造成這種現象的主要原因，就是何家軒的人際關係問題。因為何家軒的不合群，公司主管都認為何家軒沒有團隊精神、工作不積極，通常試用期一結束，公司就把他炒魷魚了。

這樣惡性循環，何家軒的自信與自尊，差不多已經被消磨得所剩無幾，自卑感越來越強烈。公司的同事也覺得跟何家軒在一起很壓抑、很煩悶，都不怎麼願意和何家軒說話、交往。

就這樣，何家軒逐漸變得越來越麻木，對什麼都提不起興趣，就知道整天對著電腦，讓自己沉浸在虛擬世界裡。年紀輕輕的，卻一點朝氣和活力都沒有，成天臉上沒什麼表情，反應也變得越來越慢，記憶力下降。

對此，何家軒感到很痛苦，覺得自己很失敗，一點前途都沒有，甚至還動過自殺的念頭。

像何家軒這樣因為家境、身世而自卑的朋友，大概不在少數，然而有的人可以走出自卑的陰影，樂觀積極地去面對生活，而有些人會像何家軒一樣，關閉自己的內心，不願與別人交往，只會越來越自卑，生活黯然失色。就如「世界上，沒有兩片完全相同的葉子」一樣，世界上也沒有兩個完全相同的人。每個人都會有自己的長處和短處，如果總是耿耿於懷於自己的缺點，而看不到自己的長處，那勢必會產生自卑心理，讓自己一直生活在自卑的陰影中，得不到快樂和幸福。

小雪是個沉默寡言的人，對自己的長相和身材一點自信都沒有。在異性面前，小雪總是低著頭紅著臉，不敢和對方有任何對視或者眼神的交流，說話聲音比蚊子還小。和同性在一起時，小雪覺得所有人都比自己長得漂亮，身材也比自己好，因此，總是很無地自容。每次和朋友去參加聚會，小雪總是那個躲在角落裡，一聲不吭的人。看著朋友們在舞池中肆意地旋轉，小雪多麼渴望自己也能這樣盡情地歡樂啊！可是再看看自己，相貌平平，毫無姿色可言，飛機場、水桶腰，身材一點凹凸都沒有，想想就自卑，小雪的頭埋得更深了。面對異性的邀請，小雪也總是自卑地搖搖頭，生怕自己跳錯舞步，踩到別人的腳而出洋相。

小雪的這種心理，讓她在別人面前總是抬不起頭來。都二十七歲了，至今還是形單影隻的孤家寡人一個。

「一花一世界，一沙一天堂。」正如每一片樹葉，都有自己的一片風景一樣，每個人也都有自己獨一無二的地方。因此，你沒有必要去豔羨別人的優點，也沒必要去一味貶低自己的不足。

朋友們請記住：你就是你自己，你有屬於你自己的獨特風景。

當你發現一切都只是心理在作祟，自卑在搞怪的時候，當你果斷地扯下給自己貼上的「失敗者」標籤的時候，你會發現「山窮水盡疑無路，柳暗花明又一村」的真諦，擺脫自卑的陰影，重拾生活的信心。艾德・羅伯茨就是一個很好的例子。

艾德・羅伯茨是個很平凡的人。在他十四歲的時候，不幸感染小兒痲痺症，導致頸部以下完全癱瘓，得靠輪椅才能行動，自己的生命也只能依賴一個呼吸設備來維持。

得病之後，艾德曾好幾次險些喪命。在常人的眼裡，他這一輩子肯定會一直生活在自卑與絕望中。然而，在艾德二十歲的時候，他意識到整天唉聲嘆氣對自己沒有絲毫幫助，他開始不間斷地教育並影響社會大眾。在艾德十五年堅持不懈的推動下，殘疾人的權利保障，終於得到了逐漸地完善：大多數公共設施，都為輪椅設立了專門的通道，停車場也有了殘疾人專用的停車位，許多商場、超市也都設立了幫助殘疾人行動的扶手……這些都是艾德的功勞。

艾德・羅伯茨本人也是加州大學柏克萊分校的高材生，畢業後他又成為加州州政府復建部門的主管，也是第一位擔任公職的嚴重殘疾人士。

不像其他的癱瘓者那樣，艾德・羅伯茨並沒有一味沉浸在自己的不幸和自卑中，而是積極勇敢地面對了自己的現狀，並努力致力於改善其他癱瘓者的生活世界，使他們能過著方便的生活。艾德・羅伯茨用他的親身經歷告訴我們這樣一個道理：身體上的缺陷，並不能限制一個人的發展，只要有信心和堅定的信念，同樣可以成功，過上幸福的生活。

親愛的朋友們，如果艾德．羅伯茨的遭遇發生在你身上，你會採取什麼樣的態度，做出什麼樣的決定呢？一味地顧影自憐、自輕自賤是沒有任何用的，只有與自卑之間畫一條「三八線」，讓自卑趁早滾蛋，從自己的腦子裡清除才是正道！

那麼，在把自己經營成好品牌的過程中，朋友們應該怎樣做到與自卑徹底決裂呢？

這裡給出以下幾點建議：

1、經常給自己積極正面的心理暗示

比如「我真棒！」、「我真行！」、「我一定會成功的！」等等。自己為自己打氣，讓自己充滿信心地去面對每一件事。

2、將自己的目標拆分成一個一個的「小目標」，然後一點一點地實現

不要妄想一口吃個大胖子，也不要被宏大的目標嚇倒。拆分成好幾個小目標，一步一腳印，在不斷實現的過程中，消除你的自卑感，增強你的信心。

3、不要對自己有太高的期望和太強的榮譽感

所謂希望越大，失望越大，克服自己的虛榮心，以免自己的自卑心愈演愈烈。

4、不要對過去的失敗耿耿於懷

過去的都已過去，把握現在才是王道。所以，不要糾結沉浸在過去失敗的痛苦中。努力剷除自卑生長的土壤，整理好心情繼續上路。

5、扔掉自己身心缺陷的沉重包袱

千萬不要用「有色眼鏡」看待自己，自暴自棄。向艾德．羅伯茨看齊，千萬不要因為身體上的一些缺陷而瞧不起自己。想想，一個自卑、看不起自己的人，又怎麼能得到他人的尊重呢？

【掩卷深思】

德國哲學家黑格爾說：「自卑往往伴隨著懈怠。」可見自卑帶來的後患無窮無盡。如果你想讓自己快樂幸福，請與自卑說 Bye bye！如果你希望自己面對任何事情從容不迫，請與自卑說 Bye bye！如果你期望自己在工作上獨當一面，請與自卑說 Bye bye！如果你渴望獲得更多的朋友，請與自卑說 Bye bye！要知道，自信才是好品牌的必備要素。

8 常懷一顆感恩之心

現實生活中，雖然我們經常將「感恩」這兩個字掛在嘴邊，但是實際上，卻很少有人能夠真正做到。來看看我們的生活狀態吧！父母抱怨孩子們叛逆，孩子們抱怨父母不開明；男生抱怨女朋友不夠溫柔，女生抱怨男朋友不夠體貼；老公抱怨老婆不夠賢慧，老婆抱怨老公不夠有錢；在工作中，主管抱怨下屬工作不得力，而下屬抱怨主管不夠理解……

總而言之，在這個人心浮躁的社會，幾乎所有的人都不滿意自己的生活，他們滿腹牢騷，根本就沒有懷著一顆感恩的心去生活。

西方有句諺語：「所謂幸福，是有一顆感恩的心，一個健康的身體，一份稱心的工作，一位深愛你的愛人，一群可信賴的朋友。」在這裡，感恩排在第一位，可見它對幸福的影響。

到底什麼才是感恩呢？感恩是一種責任，是追求幸福人生的一種態度；感恩是一種處世哲學，是踏實生活的一種大智慧；感恩更是學會做人、成就幸福人生的支點。

那種不懂得感恩的人，往往是自私的，這種自私讓他們只想索取而不想付出，使得曾幫助過他們的人感到心寒，讓為他們付出過的人後悔。這種自私讓他們顯得面目可憎，周圍的親朋好友，也會對他們避而遠之。總之，不懂得感恩的人，就等於遺忘了生命中最美麗的情感，同樣也就錯過了生命中最美麗的風景。

當一個人擁有一顆感恩的心時，他會清楚地意識到自己擁有的東西多麼珍貴，就會感謝生活的風風雨雨，感謝生活對自己的贈與。同時，這種因感恩而帶來的滿足感會一直滋潤他的生命，並且時時閃爍著純淨的光芒。

即使遇到再大的磨難，他也不會抱怨生活、憎恨生活，反而會覺得自己的閱歷更加豐富，心靈更加富裕。在這種積極力量的引導下，他總能頂住厄運的來襲，熬過命運的寒冬，擁有一段充實而快樂的人生。

田可欣是位開朗活潑的姑娘，在讀大學期間，她不幸遭遇了一次可怕的車禍，被一輛疾馳的汽車撞倒在地。

當時，目睹這場車禍的人，都覺得她沒有存活的希望了，但是田可欣卻死裡逃生，只是下半身已經失去了知覺。

以前，田可欣每天早上都要去操場上跑上幾圈，但現在卻只能每天躺在床上與傷痛為伴。她的家人、朋友為她落淚，同情她的遭遇，認為上天對她太殘忍了。

但是田可欣卻絲毫沒有抱怨和咒罵，她笑著說：「我本來都快沒命了，結果卻奇蹟般地活了下來，我對此很感激。我感謝老天讓我活了下來，我會好好活著，讓我的生活像原來那樣美好。」

不得不說，田可欣那種感恩的精神，值得我們每一個人學習。因為擁有一顆感恩的心，她遠離了哭泣、憤怒和抱怨，也正是因為這顆感恩的心，讓她堅強地面對磨難，樂觀地對待生活。

英國作家薩克雷，曾說過這樣一句名言：「生活就是一面鏡子，你笑它也笑，你哭它也哭。」同樣的道理，懂得感恩，生活就會賜予你明媚的陽光；不懂得感恩，只知一味地抱怨、憎恨，最終可能一無所有。

有一次，美國前總統羅斯福家失竊，被小偷偷去了很多東西。

羅斯福的朋友知道後，急忙寫信安慰他。羅斯福回信寫道：「親愛的朋友，非常感謝你寫信安慰我，我現在很好，並真心地感謝上帝，因為首先小偷只是偷了我的東西，而沒有對我本人造成傷害；其次，小偷只偷走了我一部分東西，並沒有偷走全部東西；最後，做小偷的人是他，而不是我，這是最值得慶幸的。」

失竊發生在誰身上，都是件令人不悅的事情。但是羅斯福卻從中找到了感恩的理由，這種處世哲學，值得我們每一個人學習。

然而，在現實生活中，有很多朋友覺得自己不是沒有一顆感恩的心，而是覺得自己實在找不到感恩的理由。

這種想法完全是站不住腳的，試想，田可欣遭遇這麼大的苦痛還記得感恩，羅斯福連家裡失竊都不忘記感恩，你還有什麼理由去抱怨生活呢？

常懷一顆感恩之心，懂得感恩是非常有必要，也是非常重要的。

這裡，我們不妨一起來默念這段話：

「每個人都應該活在感恩的世界裡。感恩於父母，他們賦予我們生命，使我們得以領略這美好的人生；感恩於你的另一半，因為他（她）給予你愛，給了你一個完整的家；感恩於你的孩子，正是他讓你體會到身為父母的快樂和幸福，讓你學會付出，並體會到被人需要的成就感；感恩於你的公婆（或者岳父岳母），他們養育了你的另一半，成全了你和另一半的美好姻緣……」

這樣看來，生活中到處都是值得感恩的事情，而擁有一顆感恩的心，就能挖掘出無窮的智慧泉源，也能開啟神奇的幸福之門。

因為，一個人懂得感恩，就會有一顆善良、寬容、豁達的心，能夠承受磨難，付出真情，收穫回報；一個人懂得感恩，就會心懷謙恭，不斤斤計較，對萬事萬物就會多一份感激和欣賞；一個人懂得感恩，就會用微笑去對待磨難，以積極的心態，快快樂樂地度過每一天。

當然，需要注意的是，我們這裡所說的感恩，並不是逃避現實，也不是阿Q的精神勝利法，更不是弱者的心理安慰，朋友們應區別開來。

此外，在現實生活中，朋友們應經常把類似於「謝謝」、「我很感激你」之類的話掛在嘴邊，隨時隨地表達出你的感謝之意，並將感恩化作充滿愛意的行為，落實到生活中。

【掩卷深思】

在現實生活中，感恩是一個人愛和善的基礎。常懷一顆感恩之心，不僅能讓自己變得更加善良、有愛心，而且能讓自己活得更加圓滿、豐盈。如果你沒有一顆感恩的心，你的內心將會是一片沒有綠洲的荒漠，永遠得不到幸福。

9 沉著冷靜，彰顯內心從容

請各位朋友仔細回想一下，當你遇到突發事件，或者需要處理緊急的事情時，你通常都是怎樣應對的呢？是驚慌失措、手忙腳亂，還是沉著冷靜、鎮定從容？

如果是前者，那麼恭喜你，因為這篇文章，將對你把自己經營成好品牌大有裨益；如果是後者，同樣也恭喜你，因為你已然在創立自我品牌的路上邁進了一步。

之所以這麼說，是因為沉著冷靜，是每一個想具有良好心態、把自己經營成好品牌的人，所應具備的素質，這種素質不僅能夠幫助人們在危急的時候化險為夷，在緊急的時候順利完成任務，而且還能增強一個人的氣場，提升一個人的魅力。

錢德勒是一家電器公司的技師。前一段時間，由於自己所工作的電器公司，出現嚴重的產品積壓，公司不得不宣破產倒閉。因此，錢德勒也不幸失業。為了維持家庭開銷，錢德勒又去一家大型的電器公司面試，同去的還有他的同事約翰。

前來應徵的人有很多，其中不乏這個行業數一數二的高級技師，同事約翰緊張地問站在一旁的錢德勒：「錢德勒，你緊不緊張啊？我緊張死了。」

錢德勒聽後笑了笑，鎮定從容地對約翰說：「有什麼好緊張的，我們都是經驗豐富的老技師了。沒事，放輕鬆，不要緊張。」

在面試的過程中，有一個環節是在規定的時間內，完成一種新型元件的製作。開始計時後，所有應徵者都迅速整齊地走到工作臺上忙起來。最開始，大家都臉色凝重、認真。但是過了一會兒之後，有的人就顯得有些緊張，目光開始飄忽不定，不由自主地東張西望，有的還撩起袖子擦汗……原來大家都對這種新型元件感到陌生，從來沒有做過。

當大家都在焦急萬分、抓耳撓腮的時候，唯獨錢德勒一個人鎮定自若，只見他兩隻手操作著機械，不慌不忙地工作著。

沒過多久，錢德勒就完成了新型元件的製作，成為眾多應徵者中，第一個完成製作的人。錢德勒將製作好的元件，輕輕放在工作臺上，然後走下去等待面試結果。

這時，面試官走過去，拿起錢德勒製作的元件看了一眼，然後滿意地將它放了回去。

看到競爭對手順利完成任務後，其他應徵者變得更加緊張起來，甚至有的人緊張得雙手不停發抖，以致於不能集中精力完成手中的製作。到了規定時間後，很多應徵者都沒有完成新型元件的製作。

面試結果出來了，錢德勒憑著沉著鎮定的心態以及出色的表現，於眾多優秀的應徵者中脫穎而出。同事約翰笑著對錢德勒說：「錢德勒，你真棒！連那麼難的新型元件，你都能做得這麼出色。」

錢德勒聽後，笑著搖了搖頭：「其實，並不是我的技能比你們高超，而是你們的緊張給了我獲勝的機會。如果大家都能夠沉著應對的話，一定都可以做到，甚至做得比我好。」

「沒錯，」這個時候面試官走了過來，「錢德勒先生說得對，大家的水準其實都差不多，但是錢德勒先生那份鎮定從容，是所有應徵者所不具備的。我仔細看過所有人的元件，他們剛開始做得都很精密，但是因為緊張慌亂，最終還是沒有很好地完成。」

從錢德勒的親身經歷中，我們可以看出，面對同一件事情，驚慌失措、六神無主和沉著鎮定、泰然自若，這兩種心態所引出的結果，是有著很大差別的。

因為遇事鎮定從容，錢德勒過五關斬六將，最終擊敗了競爭對手，取得了成功；因為遇事慌亂無措，其他應徵者沒能完成任務，導致敗北。

可見，在大事、急事、險事面前，發揮著決定性作用的，並不僅僅是學識技術、聰明才智，更重要的是沉著冷靜的心態。而擁有這種心態的人，往往能夠將自己經營成好的品牌。

大學畢業之後，馬芳如一直沒有找到合適的工作，經歷了漫長的過程後，她終於在一家高級珠寶店謀到了一份差事。

有一天晚上，正好輪到馬芳如值班，她微笑著，友善地招呼每一個前來櫃檯選購珠寶的顧客，耐心地解答顧客提出的問題。因為只有自己一個人，在高峰期的時候，馬芳如都有點應接不暇。

七點的高峰期過去之後，顧客漸漸減少，店裡也慢慢安靜下來。

正當馬芳如鬆了口氣，準備坐下來休息一會兒時，店裡突然進來一位衣衫襤褸的年輕人，只見那個人神情緊張，鬼鬼祟祟地盯著櫃檯裡的那些珠寶首飾。

正在這個時候，電話鈴響了，馬芳如起身去接電話，卻一不小心碰翻了櫃檯上的一個盒子，裡面的六枚寶石戒指掉落到了地上。馬芳如急忙去撿掉到地上的戒指，但是找了好一會兒也沒有找到第六枚戒指。

恰好此時，馬芳如看到剛才進店的那個男人，正慌慌張張地轉身往外走，馬芳如覺得非常不對勁，頓時明白第六枚戒指在哪裡了。

想到這裡，馬芳如的心立刻跳到了嗓子眼裡，但幾秒之後，她便清醒鎮定下來，她深吸了一口氣，平靜地叫住了那個正要推門出去的男人：「您好，先生！」

聽到馬芳如在叫自己後，那個青年轉過身來，問道：「有什麼事情嗎？」馬芳如注意到青年的臉因為緊張而不停地抽搐。

見馬芳如一直看著自己，卻遲遲不開口說話，青年更加緊張不安。沉默了幾十秒後，那個青年終於按捺不住內心的不安，再次問道：「有什麼事情嗎？」

馬芳如這才不慌不忙、不緊不慢地對青年說：「先生，這是我的第一份工作，現在找份工作真難，你覺得呢？」

那位青年非常緊張地看著馬芳如，過了一會兒，他抽搐的臉上浮現出了一絲笑容：「找工作確實不容易。」

兩個人對視了一會兒後，馬芳如微笑著說：「我覺得，如果你是我的話，你一定能夠在這裡工作得非常好。」

聽完馬芳如的話後，青年愣了一下，隨即走到馬芳如面前，將緊握拳頭的右手鬆開，然後握住馬芳如的手說：「謝謝妳這麼說，祝妳工作順利！」

馬芳如立即愉快地回應道：「我也祝你好運！」兩隻手緊緊地握在一起。

青年轉身離開後，馬芳如才從容地走向櫃檯，將剛才遺失的第六枚戒指放回到盒子裡去。

現實生活中，如果你遭遇這樣的情況，你會做出什麼樣的反應呢?相信大部分朋友會嚇得大吼大叫，直呼「抓小偷」。如果你足夠幸運的話，這麼做或許能幫助你解圍，找到遺失的戒指，但如果你面對的是一個專業的、窮兇極惡的歹徒，後果將不堪設想。

馬芳如深知這麼做的風險性，所以她選擇沉著冷靜地應對，正因為這樣，她才得以擺脫險境，並且成功地找回了遺失的戒指。

可見，在遇到突發事件或者緊急事情時，驚慌失措於事無補，甚至會讓事情惡化，最好的應對方法應該是保持冷靜、沉著鎮定。

只有這樣，才能幫助自己亂中取勝。

那麼，在修練良好心態，把自己經營成好品牌的過程中，朋友們應該如何擁有這種從容的心態呢?這裡給出以下幾點建議：

1、增強自信

遇到大事、急事就慌張的人，其內心必定沒有足夠的自信。正是因為懷疑自己的能力，擔心自己處理不好事情，心裡才會感到不安，越不安越慌亂，越慌亂越表現不好，越表現不好越沒有自信，如此惡性循環，鎮定從容也就遙遙無期。為了不讓這種惡性循環在自己身上發生，朋友們首先就應該確立自信，相信自己，增強自信心。

2、學會有效控制自己的情緒

在現實生活中，那些一遇到點變化和突發事件，就驚慌失措的人，往往不能很好地控制自己的情緒，他們情緒一失控，就變得手足無措、慌張不已。

所以，想要擁有沉著冷靜的心態，朋友們應該學會有效控制自己的情緒。比如在你感到六神無主、不知所措的時候，嘗試深呼吸，並且不斷提醒自己：「冷靜，一定要冷靜！」只要情緒穩定了，處事也會從容鎮定許多。

3、擁有一套屬於自己的處事風格和原則

現實生活中，朋友們應該有一套屬於自己的處事風格和原則，對待任何事情都要有自己的主見，相信自己的決斷，這樣可以鍛鍊自己在關鍵時刻果斷定奪的能力。有了這種能力，即使遇到再棘手的事情，也可以沉著從容應對。

4、找到合理宣洩的途徑

人都是感情動物，所以不可能百分之百地掌握自己的喜怒哀樂，控制自己的情緒。為了不讓消極的情緒，影響到自己的工作和生活，每個人都應該有一套針對不良情緒的自我排解方法（比如找朋友傾訴、寫日記、聽歌等等），以此來平衡心態。

【掩卷深思】

現實生活中，我們總是會遇到這樣那樣的突發事件，如果想要順利解決，就應該學會沉著冷靜應對，保持鎮定從容的心態。一個沉著冷靜的人，無論在什麼場合，都散發著強大的氣場和無窮的魅力，這種氣場和魅力，能讓人感受到你內心裡的強大力量。

第五章

好品牌要有多元化的管道

拓寬人脈，從錯綜複雜的交際迷宮中走出來

EXCE

1 畫好自己的人際關係圖

做為社會中的一員，誰都無法避免地要與其他人進行交往。但是人與人之間的交往，並不像我們表面上所看到的那樣，僅僅是雙方相互對話而已，它還包含有更深層次的含意，這更深的層次，便是在雙方之間建立起良好的關係和友誼。而在現實生活中，如何經營自己的人脈網，畫好自己的人際關係圖，是有許多技巧和經驗可循的，一旦你在這方面有所疏忽，那麼你的人脈就會很難拓展開來。

石玉萍是個一點都不懂得經營人際關係的人。在人多的地方，她喜歡出風頭；和同事外出、聚餐，她從來不會主動掏腰包；去朋友家做客，一點都不客氣，甚至還會嫌棄朋友做的飯菜不可口；與他人交往分不清親疏遠近……

正因為如此，石玉萍的朋友並不多，就連一起工作的同事也都不喜歡和她來往。

現實生活中，像石玉萍這樣不懂得經營人際關係，畫不好人際關係圖的朋友不在少數，他們把自己與他人的關係，處理得亂七八糟，因此朋友少得可憐，這既不利於自身發展，也不利於將自己經營成好品牌。

那麼，我們該如何學會經營人際關係的技巧，努力畫好自己的人際關係圖呢？

1、與關係網中的每個人都保持積極的聯繫

要積極與關係網中的每個人都保持聯繫，建議學會合理地利用自己的日程表，記下那些對自己特別重要的人的日子，比如生日或週年慶祝等。到時候，記得給他們打個電話，或者寄張賀卡，讓他們知道你心中想著他們，這樣對維持雙方的關係大有裨益。

2、創建屬於自己的人際關係核心

組成這個人際關係核心的成員，應該首選你認為靠得住的幾個人，比如你的朋友、家庭成員或者那些在你職業生涯中，彼此聯繫緊密的人，一般控制在十個人左右。這些人能構成你的影響力內圈，他們可以幫助你發揮自身的潛力和長處。之所以會這樣，是因為在這裡，彼此都希望對方成功，不存在鉤心鬥角，他們不但不會在背後對你使壞，而且還會從心底為你著想。你與他們的相處，也會非常和睦愉快。

一般來說，這種強而有力的關係，需要你一個月至少維護一次。

3、要學會主動推銷自己

在與人交流時，要抓住時機主動推銷自己。一般情況下，當別人打算瞭解你，想與你建立關係時，他們通常會問你是做什麼的，如果你只是輕描淡寫地敷衍了事，比如只是平淡地說「我是一個會計」，那你勢必會打擊對方繼續交流的積極性，從而失去了一個與對方交流、推銷自己的機會。

正確、得體的回答，應該相對詳細具體，讓對方感受到你的真誠，比如說「我在一家外貿公司，負責會計方面的工作，主要是管理公司的財務收支。平常閒暇的時候，我喜歡看看書、聽聽音樂」，這樣的回答不僅簡潔明瞭，而且也給對方提供了幾個話題，促使雙方的交談繼續進行。

4、沒有必要花太多的時間，來維持可有可無的老關係

有些關係如雞肋般，食之無味，棄之又可惜，一直處於可有可無的尷尬境地，尤其以老關係居多。對於這類沒什麼益處的關係，建議朋友們不要花太多時間來維持。

畢竟，人的精力都是有限的，你不可能面面都顧及到，所以一定要將自己的主要精力，放到關係網中最為重要的一環。與此同時，你也應有選擇性地，卸掉一些關係網中的額外包袱，比如那些相識已久，但對自身的發展，沒有什麼幫助的人等等。如果不分主次輕重，一味地去維持那些雞肋般的關係，必然會阻礙自身的發展，也不利於人脈的拓寬。

5、與人相處時，要多為他人著想

在與他人相處時，不要總是想著別人能為自己做什麼，而應該更多地為他人考慮，想想自己能為別人做什麼，這樣的態度，必然會給你帶來良性的人際關係。

6、要盡量多出席一些重要的場合

建議朋友們，要盡量多出席一些重要的場合，比如朋友的婚禮，或者升職派對等等，因為這樣的場合，不僅會幫助你加深與老朋友的關係，而且還會促成你認識新的朋友，有利於你拓寬人脈。

7、當朋友獲得成功時，應及時予以祝賀

如果你關係網中的朋友，獲得晉升或者有其他喜事發生時，應記得第一時間送去祝福。如果不能親自上門祝賀，那最好也應該打個電話來表達一下自己的祝福。

8、多給朋友一些關心和體貼

當朋友遭遇困難或者傷痛時，應及時予以安慰和幫助。只要關係網中（尤其是核心關係網），有人遇到麻煩，應主動提供幫助和關心。這是對朋友表現支持的最好方式。

9、不要總是一味地做接受者，而不付出

在與他人交往的過程中，不要總是一味地做接受者，而不付出。因為總是如此，會讓人覺得你是個自私自利的人，不值得信賴和交往，從而慢慢地疏遠你。這樣不僅阻礙人際關係的發展，而且也非常不

利於人脈的拓寬。

除此之外，朋友們還應該學習一些必要的交際禮儀，並在與人交往中講究禮儀。要知道，只有學會建立良好的人際關係，拓寬人脈，才有望將自己經營成好品牌。

【掩卷深思】

畫好自己的人際關係圖，管理好自己的人際關係網，不僅有利於拓寬人脈，而且能促進自身的發展。朋友們，應該在現實生活中，學會如何經營好自己的關係網，盡量充分地利用身邊的人力資源，爲自己的發展，提供有力的幫助。

2 多和那些有潛力、優秀的人相處

古人云：「近朱者赤，近墨者黑。」意思是說，接近好人可以使人變好，接近壞人可以使人變壞。雖然這句話，並不是放之四海而皆準，但也有其一定的道理。畢竟，人與人之間，是相互聯繫並且相互影響著的，你身上某些優秀素質，可能影響到周圍的人，你也可能沾染上他人身上不好的品性和習氣。

基於這一點，我們一定要有意識地，多結交一些有潛力的，或者比自己優秀的朋友。當你周圍都是一些優秀的人時，你自身也會不自覺地向他們看齊，從他們身上學習到一些自己所不具備的優點，這就是所謂的「見賢思齊」。

不僅如此，多結交一些優秀的人做朋友，還會為你生活、工作帶來很多便利，在你遇到困難的時候，你結交的這些優秀的朋友，會給你提供有用的建議以及幫助，為你出謀劃策，幫你度過難關。

所以說，朋友是必不可少的，有潛力、優秀的朋友，更是難能可貴。尤其是在把自己經營成好品牌的過程中，多與一些有潛力、優秀的人相處，能幫助自己更快地發展。

戰場上，硝煙四起、天昏地暗、血肉橫飛。雖然這場激烈的戰爭，打得士兵們潰不成軍，但一直在前方衝鋒陷陣的將軍，卻驚訝地發現，從戰爭開始到現在，一個小士兵始終都跟在自己左右，英勇頑強地對抗著敵軍，面無懼色。

戰爭結束後，將軍吩咐下屬把那個小士兵叫到自己面前，他不無讚賞地對小士兵說：「年輕人，你非常勇敢！在整場戰爭中，你是唯一一個堅定地跟在我左右的人，在與敵人的對抗上，你英勇無比，沒有任何卻步。你怎麼會有這麼大的勇氣呢？」

小士兵聽後，毫不猶疑地回答道：「報告將軍，我的勇氣都是從您那得來的。」

小士兵的話，讓將軍感到納悶，他有些不解地問道：「哦？可是我從來沒有鼓勵過你啊。」

「是的，您確實從來沒有鼓勵過我，也從未和我說過話。但我一直記得離家前，父親對我說的話，他告誡我在打仗的時候，要緊緊地跟著將軍。這樣不僅安全，更重要的是，將軍的氣勢能感染到我，有一天我也終會成為將軍。」

小士兵父親的話不無道理，能夠當上將軍的人，必然是足智多謀、英勇善戰的人，經常和將軍在一起，不僅相對安全，而且將軍身上的特質，也會影響到自己。所以，如果有志當將軍，就應該多和將軍為伍，向將軍看齊。

同樣，現實生活中，想要把自己經營成好品牌，也需要多和有潛力或者優秀的人交往，與他們交朋友，這樣自身的水準和綜合素質，也會在無形之間得到提升。

前加拿大總理讓·克雷蒂安，在很小的時候生過一場大病，並且這場病給他留下了可怕的後遺症：一隻耳朵失聰，而且只要一開口講話，嘴巴就會歪向一邊。因為生理上的缺陷，讓·克雷蒂安經常遭受周圍同齡人的嘲笑和譏諷，這讓他備感孤立。為此，讓·克雷蒂安總是悶悶不樂，但沒過多久，他就找到了更好的「夥伴」——成年人。

在相處中，讓·克雷蒂安發現跟新夥伴在一起，比之前要快樂很多，學到的東西也更多，尤其是和知識淵博、閱歷豐富的大人在一起，更讓人快樂。

從那以後，讓·克雷蒂安喜歡上了和那些「比自己懂得多的人」相處，以此來不斷地提升自己。

在一次參觀國會後，當時正在上大學的讓·克雷蒂安，默默地在心裡為自己立下了一個目標：「總有一天，我會坐上最前面的那個位置。」多年後，他果然成了加拿大的總理。

與鷹翱翔，才能學會搏擊長空；與狼共舞，才能勇於叱吒荒野。這一道理不僅在動物界適用，在人類世界也同樣適用。

多和那些有潛力、優秀的人相處，就相當於在學習狗的嗅覺、鷹的敏銳、虎的勇敢、熊的力量，這不僅充實並強大了自己，學得了生存之道，而且還能開闊了自己的視野。

看到這裡，可能會有一些朋友不屑地說道：「我天生就不愛和人打交道，我覺得從書上就能學到足夠的知識了。」這樣的想法，顯然是有失偏頗的，讀書固然有益處，但它並不能代表全部。

畢竟，成功的方法有很多，一些是書上能找到的，還有一些卻在書本之外的其他地方。所以，想要學到那些無法在書本上找到的知識，你就必須多和那些有潛力、優秀的人相處，從他們身上汲取真經，學習他們的思維方式和經驗。

勵志成功學大師陳安之，也極為推崇這一點，他經常在演講中講這樣一個故事：

陳安之的一位朋友馬克・漢森，寫了一本名叫《心靈雞湯》的書，這本書在全世界各個國家都非常暢銷，銷售量高達五千五百萬本。

有一次，陳安之問他這位朋友：「馬克・漢森先生，你到底是怎麼獲得成功的呢？」

馬克・漢森聽完笑著回答道：「哈哈！你能不能成功，關鍵要看你跟誰在一起。幾年前，我在美國遇到了大名鼎鼎的安東尼・羅賓，當時正巧跟他同臺演講。演講結束後，我便主動與他交談，並且向他請教了一些問題。」

陳安之聽完仍然有些不解，他疑惑地問道：「難道僅僅只是請教了一些問題，就使你成為全世界最有名的暢銷書作者？」

馬克．漢森似乎早已料到陳安之會這麼問，他說：「當時，我也問安東尼．羅賓，『我們同樣在教別人如何成功，可是你的年收入卻是我的五十倍。你成功的祕訣是什麼呢？』他只是問了我一句話，『先生，你通常都和什麼樣的人相處呢？』我驕傲地回答，『我身邊的人個個都是百萬富翁。』安東尼．羅賓聽完便笑了，『這就是了，我每天都跟億萬富翁在一起。』」

就因為安東尼．羅賓的這一句話，徹底改變了馬克．漢森的一生。

世界著名的潛能大師博恩．崔西曾說過這樣一句話：「不管是現實生活中還是想像中，你習慣相處的那些人，會對你的目標有極大的影響力。」這話一點也不假，所以如果你想變得快樂，你就應該經常和樂觀開朗的人在一起，如果你想要健康，你就應該經常和懂得養生之術、注重健康的人在一起。

同樣的道理，如果你想變得優秀，你就應該多和優秀的人在一起，而這正好是一種聰明的成功學。只要將這種成功學，切實運用到自己的實際生活中，多和那些有潛力、優秀的人交往，相信朋友們一定能獲益匪淺。

【掩卷深思】

民間流行這樣一句話：「讀萬卷書，不如行萬里路，行萬里路不如閱人無數，閱人無數不如與優秀者舉箸。」從中我們可以看出，多與有潛力、優秀的人相處，對個人的發展是非常重要的。

3 自己走百步，不如貴人扶一步

劉元華在一家大型傳媒公司裡工作了好幾年，儘管工作盡職盡責，但是因為各種主客觀方面的原因，一直未能得到上司主管的賞識，因此也一直沒有得到晉升。

有一天，部門主管帶來一位仍在讀大學的實習生張承恩，讓劉元華帶著張承恩學習一個月。盡職盡責的劉元華，立即為張承恩做了一個細緻周詳的工作安排，並且用最短的時間，教會了張承恩公司裡一整套業務操作流程。

不僅如此，劉元華還帶著張承恩，實際參與新聞事件的跟蹤報導、記者發布會等，事後還會輔導張承恩寫新聞稿件，並且會好心地將張承恩的名字連署上去。

一個月後，劉元華不僅得到上司的嘉獎，還被提拔為另一個部門的經理。之所以會有如此大的起色，是因為實習生張承恩是集團董事長的表弟，在一個月的相處學習中，張承恩對劉元華既崇拜又敬佩，繼而實習結束後，在董事長面前，不斷地誇獎讚揚劉元華。就這樣，機緣巧合，實習生張承恩，反而成為了「老師」劉元華平步青雲的貴人。

現實生活中，像劉元華這麼幸運的人並不多，大部分人都勤勤懇懇地在自己的崗位上工作，卻難有出頭之日。最初，劉元華也是其中的一份子，但是遇到實習生張承恩之後，就徹底改變了他的職業生涯。不得不說，張承恩是劉元華生命中的貴人。

從劉元華的親身經歷中，我們可以看出這樣一個道理：自己走百步，不如貴人扶一步。現實中，大多數人都是普通人，沒有顯赫的家庭背景，沒有令人羨慕的社會地位，很多時候只能過著看老闆臉色、給老闆打工的日子。這個時候，如果出現一個貴人來助自己一臂之力，那自己的生活很有可能就此改寫。看到這裡，也許有些朋友會唉聲嘆氣地說：「遇到一個貴人談何容易，有些人甚至一輩子，都不可能遇到自己真正的貴人。」其實，貴人並沒有想像中那麼難遇到，只要你在日常生活和工作中做個有心人，摘下自己的有色眼鏡來看人，並且時刻注意自身形象和人格的塑造，貴人自然會出現在你眼前。

林智傑是一名普通清潔工，他所在的公司很大，樓上樓下幾十間屋子，每天的工作量很重。除了他，公司還有一位六十多歲的老阿婆。阿婆有個兒子，在很遠的地方讀大學，生活所迫才不得不做清潔工。因為年紀大了，一天下來，阿婆便累得直不起腰。

看到老人家這麼辛苦，林智傑於心不忍。為了減輕老人的工作量，林智傑每天都提前兩個小時到公司，先打掃好環境整潔。等阿婆來上班時，全部的重活已經被林智傑做完了，阿婆只需拿著抹布，慢慢地去擦桌子就可以了。

就這樣做了兩年多的清潔工，林智傑辭職到工地做了一名裝飾工人。

幾年後，林智傑所在的公司新來了一個副總經理，這位新上司三十歲左右的樣子，剛剛MBA畢業。他一上任沒多久就找來林智傑，將一個小工程包給林智傑做，讓林智傑去管理工人。這對林智傑來說，簡直是天大的好消息，很多人想當工頭都沒有機會，但緊接著，林智傑又面臨一個新的難題：沒有啟動資金。正在林智傑一籌莫展的時候，新經理拍著林智傑的肩膀笑著說：「好好幹，資金方面的問題你不用擔心，我讓財務部門先預支給你。」

林智傑聽後喜出望外，為了報答經理的知遇之恩，林智傑嚴格按照相關規定施工，工程品質完成得很好。一年下來，林智傑帶領的施工隊在公司裡首屈一指。經理也因此更加賞識他，只要有新的工程就會指派給林智傑。就這樣，不到兩年的時間，林智傑就買下了屬於自己的房子。

在一次酒席上，林智傑舉著杯子，動情地對經理說道：「你真是我的貴人，改變了我的命運。」

經理聽後，眼裡閃過一絲不易察覺的微笑：「改變命運的其實是你自己，你的工程品質要是不過關，我也不敢包給你呀！另外，你還記得幾年前那位清潔工阿婆嗎？我就是她那個在遠方讀大學的兒子。畢業後她一直叮囑我，要是有機會，一定要好好報答你。」

有時你不會意識到，你曾幫助過的人，有一天可能會成為你的貴人，提攜你，使你的命運出現新的轉機。從林智傑這一經歷中，我們就可以看出，貴人的出現並不是平白無故的，而是自有其緣由。就像林智傑一樣，他的生命中之所以會出現貴人，是他日常生活中所作所為、一言一行的結果。正因為他熱心助人、工作勤懇，他才能得到貴人的賞識，從而改變了自己的命運。

由此可見，想要有貴人扶持，首先就應該學會做人，平時勤於耕耘，處處給人方便，盡可能心存善念，廣行善舉。要知道，無意之間的滴水之恩，很可能換來對方日後的湧泉相報。從這個角度來看，最大的貴人其實並不是別人，恰恰就是自己。

關於這一點，亞洲首富李嘉誠，曾說過這樣一句話：「一個人的富貴是內心的富貴。貴，是從一個人的行為而來。」是的，很多時候，朋友們更應該檢視自己在日常生活中的所作所為，只有做好自己，貴人才能相中你。畢竟，人脈是一種「雙贏」關係，只有付出才會有回報，所以，你在利用別人之前，首先要做的就是，創造自己的「可利用價值」。

此外，朋友們還應該清楚，貴人並不僅僅是指那些手握資源、權力的人。生活和工作中，想要找對貴人，一定要先學會識別貴人。一般情況下，這些人有可能成為你生命中的貴人：待人真誠的人、把專業做到最好的人、你真正敬佩而不嫉妒的人、可以和你一起分擔分享的人、相信並欣賞你的人、願意時常嘮叨你的人、遵守承諾的人、教導且提拔你的人。

相信只要在生活中努力做好自己，做個有心人，你生命中的貴人，很快就會出現在你的眼前，在你建立自我品牌之路上，助你一臂之力。

【掩卷深思】

只要你認眞觀察，你就會發現，現實生活中，處處都是貴人。他們可能是你的朋友、上司、同事，甚至是萍水相逢的人。當然，機遇並不會光顧那些沒有準備的人，如果想讓貴人爲你説貴言、出貴力，至少得讓貴人發現你，並認爲你是值得他幫助的。

對此，卡內基訓練大中華負責人黑幼龍曾説過：「完整的人際關係，包含三個階段，分別是：發掘人脈、經營交情、出現貴人。」所以説，與人爲善、廣結人脈，被越多人所喜歡接受，是培養貴人，並且最終找到貴人的關鍵一步，這也是你把自己經營成好品牌的關鍵一步。

4 瞭解貴人的特點，找出潛藏的貴人

前面我們已經具體探討了「自己走百步，不如貴人扶一步」的人生道理，明白了貴人往往會在意料之外，不失時機地，助自己一臂之力。但背後的這些貴人，並不會無端地從天而降，所以，朋友們一定要做個生活有心人，勤於耕耘，提高自身素養，真誠待人，那麼在關鍵時刻，貴人自會出現，而你也必然能體會到貴人相助的驚喜。

在一個電閃雷鳴、暴風驟雨的夜晚，一個滿臉倦容，一副病態的中年人走進一家旅館，想要在旅館住一晚。

「先生，實在抱歉。」值夜班的服務生非常年輕，他不無遺憾地說，「旅館的房間都已經客滿了。」

中年人聽後一臉愁容，嘴裡喃喃地說道：「人生地不熟的，現在又發燒了，這一時半會兒還真不知道去哪住。」

服務生聽後有些不忍，於是便誠懇地對中年人說道：「先生，我們這裡現在是旅遊旺季，附近的旅館大概都已經客滿了，你現在就算去別的旅館，也很難找到空房。如果你不嫌棄的話，可以去我的房間住一晚，反正我今晚也要值班，房間空在那也沒人住。」

中年人非常感激地接受了服務生的好意。服務生帶中年人到自己的房間，將中年人安頓好後，找出一盒藥遞給中年人：「先生，我看您燒得不輕，您把這退燒藥吃了，早點休息吧！」

中年人被服務生的體貼深深感動，當晚也睡了一個安穩的覺。

第二天，已然精神抖擻的中年人，找到昨晚的服務生，打算給他相應的費用，但是卻被服務生婉言謝絕：「先生，您住的房間並不是對外的客房，所以我不能收您的錢。」中年人聽後不禁讚嘆道：「你就是每個老闆心目中理想的員工。」

此後不久的某一天，服務生突然收到一封來自陌生地址的掛號信，打開一看，原來是中年人寄來的，信裡中年人邀請服務生到紐約一遊，另外附上了往返的機票。

抵達紐約後，服務生被帶到一棟高檔豪華的大樓裡，在一間寬敞明亮的辦公室，服務生見到了那天雨夜，拖著發燒的身體找旅館的中年人。中年人見到服務生後，微笑著說道：「很高興你能來，我想聘請你當我公司的經理，你願意嗎？」

聽到這個突如其來的消息後，顯然沒有任何準備的服務生，感到非常震驚，他有點語無倫次地問了一連串：「為什麼會是我？有什麼條件嗎？我需要做什麼？你是誰？」

看到服務生驚訝的表情，中年人大笑道：「我是這家公司的總裁，我聘請你當我公司的經理，我不需要任何條件，你已經付出了你的善意和幫助。你應該還記得我之前說過，你是我夢寐以求的員工。」

很顯然，服務生遇到了自己的貴人，他的命運也因此改變。試想一下，如果你是服務生，遇到這樣的事情，你是否能抓住機會，結交到這個貴人呢？

其實，貴人無處不在。現實生活中充滿了各種不同的機緣，而每一個機緣都可能將你推向一個高峰，在這之前，朋友們必須找到貴人的特點，練就一雙火眼金睛，以便找出潛藏的貴人。

儘管在上一篇文章中，已經簡單談到哪些人可能成為你的貴人，但是並沒有做一個系統的概括分類，這裡，我們不妨透過上面的故事來分析貴人的特性，一般來說，主要分為三類：

1、積極性貴人

這類貴人都非常樂意幫助你，他們分布的範圍很廣闊，可能是你的朋友、同事、頂頭上司、不起眼甚至被你忽略的小人物、被掩藏起來的大人物等等，不管他們在生活中扮演的是什麼角色，但是在關鍵時刻，他的一個舉手之勞或者善意的點撥、提攜，就可能幫你擺脫困境，助你輝煌騰達。

這類特性的貴人，往往能帶給你最大的驚喜，因為你自己有時候都會忽略他們，就好像上面故事中的服務生一樣，最初根本不會想到，這個在雨夜帶病來投宿的旅客，會是自己人生中的大貴人。

2、教導性貴人

這類貴人往往比你聰明，具備高智慧。一般來說，他們是欣賞和看好你的人，在你自己還沒看到未來，發揮自身才能的時候，他們就已經率先看到了你的潛力。

不僅如此，他們還瞭解你的能力，清楚你的職業規劃，可以預見你在新領域的發展潛能，在必要的時候，他們會主動找上門，教導你，端正你的人生態度，激發你的潛能，幫助你實現人生質的飛躍。

透過相處，他會對你的能力和人格表示認可，願意對你伸出援手，為你付出時間，甚至更高的成本，給你機會發光發熱。很顯然，上面故事中的中年人，正是充當了這個伯樂的角色。

3、打擊性貴人

這類貴人和上面兩種有根本上的不同，他們主要是打攪你、打敗你、打醒你的人，一般是你嚴厲的老闆或者是你強勁的競爭對手。這類人，處心積慮地讓你經歷磨難和挫折，他們可能企圖心很強，處處打擊你的銳氣，但是這又何嘗不是促使你成長的有效方法呢？要知道，人只有經歷磨難才能成熟起來，在磨難中你往往能學到很多東西。

千萬要記住，奉承你的人，才是最需要提防的，因為，在甜言蜜語中，人們很容易被沖昏頭。相反，打擊性貴人的不斷施壓，會從側面激勵你，促使你不斷地去努力、進步。就像上面故事中，中年人的出現，本就是服務生工作中一個意外的插曲，對於這個小麻煩，服務生完全可以不予理睬，但要是這樣做，貴人就會從身邊悄悄溜走。

總而言之，在將自己經營成好品牌的過程中，人脈是必不可少的，而貴人則是推動這一進程的重要人物。所以，為了早日實現自己的理想，把自己經營成人人稱道的好品牌，朋友們一定要在生活中做個有心人，瞭解貴人的特性，找到潛藏在你生命中的貴人。

【掩卷深思】

現實生活中，大多數人苦心經營人脈，目的無非就是希望在關鍵時刻貴人能出手相助。但是一些貴人很有特點，一些則特徵模糊，這就需要朋友們，練就一雙火眼金睛，只要你能找到貴人的共同點，用心識別，關鍵時刻，必能體會到貴人相助的驚喜。

另外朋友們還需注意，不要忽視身邊任何一個人，也不要錯過任何一個助人為樂的機會，應與人為善，熱情相待，並把每一件事都做得盡善盡美。那麼貴人將無處不在。

5

與人相處要識趣，懂得給他人留餘地

現實生活中，當你面對你的競爭對手或者與人發生爭執時，你是怎樣一種態度呢？是不留情面、趕盡殺絕，還是欣然待之、留有餘地？

相信大部分朋友採取的是第一種態度，在與對手相處或者和人發生爭執時，總是懷著一種敵視的情緒，看不得對手比自己好，不允許別人佔自己的上風，只要自己稍顯劣勢就恨不得致對手於死地，一有機會就想辦法將對方逼上絕路，大有不趕盡殺絕誓不甘休的架勢。至於說給對方留餘地，壓根兒想都沒想過。

事實上，也正是由於對待競爭對手和敵人的態度不同，人的成就才有了高低之分。稍加留意，朋友們就能發現，那些與人相處懂分寸，知道給他人留餘地的人，朋友往往比那些總想把別人逼上絕路的人要多，人脈也更廣，成就也更大。

清朝作家梁紹王在《秋雨庵隨筆》裡提到了「四不盡」，其中有一個就是「寇不可殺盡」，就是說窮寇勿追，要是逼得他們走投無路，就會奮起和你拼命，這樣導致的結果必然是兩敗俱傷。著名的「紅頂商人」胡雪巖，也極其不贊成這種把別人逼上絕路的做法，他相信「你有出路，我就有活路」的處事之道。

做事不能太絕，要懂得給他人留餘地，從另一個角度看，也是在為自己留下可迴旋的餘地。因為在你處於優勢的時候，如果給對方一條「活路」而不是「絕路」，那麼你或許會多結交一個朋友，而不是一個敵人，今後的路也會因此越走越寬、越走越順。

相反，如果你不顧及他人的面子，不給他人留有餘地，那麼到最後，你會發現身邊的朋友越來越少，每個人都視你為眼中釘，你的路自然也會越走越窄。要知道，事情做得太絕，必然也會自斷後路。俗話說「過頭飯不吃，過頭話不說」，就是出於這個考量。

基於此，朋友們在人際交往中，應學會克制自己的情緒，做到才不可露盡，力不可使盡的境地。在承諾別人、拒絕別人、批評別人時，應懂得留餘地，這也是為自己保留一些能夠迴旋應變的空間。而在與朋友發生爭吵的時候，也沒有必要逞一時之快，爭出個你勝他負，那樣只會導致兩敗俱傷。只有學會了給對方留餘地，自己的朋友才會越來越多，路才會越來越寬，人脈也會越來越廣。

美英和亞娟是同事，兩人關係很好。

有一次，美英和亞娟因為某些工作上的小事而爭吵，兩人為此鬧得很不愉快，美英當時就在眾多同事面前，氣狠狠地對亞娟說：「我看見妳就煩，從今天起，我們斷絕關係，彼此毫無瓜葛！」這讓亞娟非常沒面子。

事後，美英果然像她說的那樣做了。期間，亞娟有意與美英和好，甚至發訊息請美英吃飯，美英也置之不理，一副拒人於千里之外的樣子，亞娟也只好就此甘休。就這樣，兩個人雖然在同一個辦公室裡工作，但形同陌路。

半年後，亞娟晉升成為美英的上司。美英因為當初話講得太重、做得太絕，沒有顧及亞娟的面子，也沒有給亞娟留餘地，現在自己也沒辦法回頭，只好辭職走人。

在中國的水墨畫中，有一種叫留白的繪畫技巧。這裡所謂的留白，就是說無論畫山畫水，都要在畫面上留下一些空白處，而不是滿紙皆是山水，那樣山水缺靈氣，是死山水。因而，評價一幅山水畫的優劣，除了手法線條是否流暢自然之外，更重要的，還要看這幅畫中留白是否巧妙、恰到好處。

事實上，留白藝術與交際的技巧是相通的。在人際交往中，朋友們一定要學會人際交往中的留白藝術。無論在工作中還是在生活中，朋友們都要識趣，懂得給他人留餘地。

像上面故事中的美英，則是沒能掌握好人際交往中的留白藝術，不懂得給他人留餘地，結果最終吃虧的只會是自己。要知道，給他人留有餘地，就是為自己在未來的人際交往中，可能犯下的錯誤留下餘地，美英的這種做法給我們留下了深刻的教訓。

一般來說，在人際交往中，想要運用好留白藝術，懂得給他人留餘地，朋友們需要掌握以下兩個原則：

1、學會原諒他人的過錯

在現實生活中，我們每一個人都會有做錯事、犯錯誤的時候。所以，朋友們應該具備同理心，當別人做錯事、犯錯誤時，要以一顆寬容的心去對待。之所以要這樣，主要有兩個原因，其一是不值得拿他人的過錯來懲罰自己，其二則是當自己做錯事時，我們同樣也希望別人能給自己面子，留有餘地。

事實上，在人際交往中，人與人之間的相處都是相互的，你如何對待別人，別人也會如何對待你。也就是說，你給對方留有餘地，那麼你的路也會越來越寬。

在與人交往的過程中，當他人犯下錯誤時，朋友們應學會去原諒對方，給他人留有餘地，這樣自己也會從中受益。

2、識時務，知進退

有一天，大灰狼無意之間在山腳下發現了一個山洞，很多動物都從這個山洞出入。大灰狼心裡暗自高興，不禁開始打起如意算盤：如果我天天守住這個山洞，就可以輕易捕獲到各種獵物了！

於是，大灰狼便堵上了山洞的另一端，悠閒地等待著獵物自己送上門來。第一天，送上門來的是一頭野豬，大灰狼猛撲上去，窮追不捨，野豬拼命逃竄，最終找到一個偏洞才得以逃脫。眼看就要到嘴的獵物就這樣沒了，大灰狼非常氣憤，忿忿地堵上了這個偏洞，心想這下萬無一失了。

第二天，送上門來的是一隻小白兔。大灰狼奮力追捕，可是小白兔還是從洞側面一個更小的洞口逃了出去。於是，懊惱不已的大灰狼將類似大小的洞全都堵了起來，心裡琢磨著這樣再也不會失手了，別說是野豬、白兔，就連野雞、老鼠這樣的小動物也插翅難飛。

第三天，果然來了一隻野雞。大灰狼追上前去，嚇得野雞上躥下跳，最終從洞頂上的一個通道逃跑了。大灰狼氣急敗壞，於是堵塞了山洞裡所有的窟窿，把整個山洞堵得水洩不通，心裡美美地想著：這下獵物們完全無路可逃了。

然而第四天，來了一隻獅子。大灰狼嚇得拔腿就跑，獅子就在後面窮追不捨。由於之前把所有的洞都堵住了，大灰狼在山洞裡跑來跑去，根本沒有任何出口，無法逃脫，最終成了獅子的獵物，被獅子吃掉了。

故事中的大灰狼想盡一切辦法來封鎖各種洞口，欲將自己的獵物逼上絕路，不給對方留下任何餘地，可是結果呢？大灰狼不但沒有捕獲到獵物，反而成了獅子嘴裡的美食。這不得不令人深思。

古人有云：「不焚林而獵，不涸澤而漁。」萬事皆有度。如果你只是為了滿足眼前的小利小益，而不留餘地地將別人逼上絕路，讓他無路可走，那很有可能會為你今後的生活埋下隱患和惡果，同樣也堵死了自己的路。要知道，凡事太盡，則緣分勢必早盡。

所以，無論做什麼事情，我們都應識趣，懂得給他人留下可以迴旋的餘地，避免將對方逼上絕路，這樣做不僅是給對方一條生路，實際上也是為自己鋪路，以便更好地前行。

【掩卷深思】

古人云：「處事需留餘地，責善切戒盡言。」爲他人留餘地，也是在爲自己拓寬前進的道路。所以，朋友們，想拓寬人脈，將自己經營成好品牌，與人相處的時候，就一定要識趣，懂得給他人留餘地，只有這樣，未來的道路才會更寬敞、更暢通。

6 人際交往，感情投資不可少

《史記》裡有這樣一個故事：

戰國時期的名將吳起，非常愛護自己的士兵。

有一次，一個士兵在作戰的時候受了傷，吳起親自用嘴幫他把膿水吸了出來。

士兵母親聽到這個消息後，嚎啕大哭。她之所以哭，並不是被吳起的行為所感動，而是因為她的丈夫也曾被吳起這樣愛護過，結果感動地為吳起捨生忘死，最後戰死沙場。

寡母知道兒子也會被吳起的行為所感動，必會知恩圖報，英勇作戰，所以，寡母不禁為兒子的性命擔憂不已。

就這樣，吳起用自己的感情投資，贏得了士兵們的誓死效忠，也換來了自己的功成名就。

吳起之所以能夠深得人心，讓士兵們為他誓死效忠，最重要的一點就是因為他善於「感情投資」。畢竟，人都是感情動物，在人與人之間的交往中，如果懂得使用感情投資，那麼你的人脈自然而然會不斷拓寬，朋友也會越來越多，而且友情也會比較牢固。可見，在人際交往的過程中，感情投資是一個屢試不爽的妙方。

然而，現實生活中，很多朋友都不懂得使用感情投資來籠絡人心，拉近與他人的距離，總是等到遇到困難，需要別人幫助時，再來培養感情，這個時候就已經來不及了，自然求助無門。

只有那些聰明的人，懂得在人際交往中進行感情投資，並且十分注重感情投資，因為他們知道這是社交中的大智慧。在平時，他們非常注意人脈的培養，透過「投資」感情，打下深厚、廣泛、信賴的人際脈絡，以此來極大地促進自己今後的發展。

當然，在很多時候，這種感情的投資不會立竿見影，而是一個慢慢累積、厚積薄發的過程。也可以說，感情投資不需要投入任何金錢，但其效果卻遠比金錢的作用來得大。

更重要的是，在危難時刻，懂得感情投資的人，往往能以情動人，並且獲得更多人的幫助，從而力挽狂瀾。

有一家工廠，因為管理混亂而瀕臨倒閉。

為了能夠讓工廠起死回生，工廠專門聘任了一位能幹的經理。這位經理上任後的第三天，便發現了問題的癥結所在：偌大的廠房裡，一道道流水線，如同一道道屏障橫亙在員工之間，直接影響、阻礙了員工之間的交流，而且，機器的轟鳴聲，以及試車線上滾動軸發出的雜訊，幾乎讓人難以實現工作資訊的交流。

另一方面，由於工廠效益不好，過去的領導者一味地注重生產任務，而徹底取消了公司聚餐的機會以及廠外共同娛樂的時間。

如此一來，員工之間更沒有彼此談心、交流的機會。

在這樣一個沒有感情交流、人際關係冷漠的工作環境中，員工們的工作熱情，受到了極大的打擊。不僅如此，工廠內部的管理也越來越混亂，員工對領導者的意見越來越多，不必要的爭議也越來越多。

這位新經理發現問題後，馬上做出決定，表示今後廠裡負擔員工的午餐費，希望所有的員工都能留下來聚餐，共度難關。

這位經理之所以下這個決定，其真實意圖在於給員工們一個感情交流、互相溝通瞭解的機會，以建立信任空間，使組織內的人際關係有所改觀。

在每天的午餐時間，這位新經理還在食堂裡架起烤肉架，親自為員工們免費烤肉。

這一番辛苦沒有白費，員工們對這位新上任的領導者讚不絕口，並且工作積極性也被調動起來。在那段日子裡，員工們聚餐時，總是在討論工廠未來的走向，而且還紛紛獻計獻策，並主動跟其他同事討論工作中出現的問題，共同尋求解決方法。

兩個月後，工廠業績回轉。五個月後，工廠奇蹟般地開始盈利了。

就這樣，這個工廠終於走出了困境，並且至今還保持著一項傳統，中餐大家歡聚一堂，由經理親自派送烤肉。

從上面這個事例，我們可以看出，這位新上任的經理之所以能力挽狂瀾，解救工廠於水深火熱之中，就是因為利用了感情投資。

這項感情投資，不僅消解了員工的怨氣，提高了員工的工作熱忱，而且還將瀕臨倒閉邊緣的工廠拉了回來，重新步入正軌。

不得不嘆服感情投資在人際交往中的重要作用，也正因為如此，現在的企業都講究企業文化建設，更看重企業裡的人情味是否濃厚。這一點也正是重視感情投資的展現。

在日常的人際交往中，多投入一些感情，收穫也會更加豐富。但感情投資畢竟不是股票的投資，它是一種緩慢見效的行為。

既然如此，朋友們應該從哪幾個方面來入手呢？

1、溫暖人心是根本

沒有誰會拒絕溫暖，所以，在人際交往的過程中，朋友們最好是抓住每個人的感情脈絡，付出自己的真情實意，讓對方被你的溫暖所打動。如此一來，你的人脈資源自會滾滾而來。

方宇新是某家公司的老闆，平常非常注重在人際交往中進行感情投資。

公司裡有一個司機，經常胃痛。方宇新知道後，就囑咐他多注意飲食。而每次公司讓這位司機出車時，方宇新都要提醒他帶上一點胃藥，以免半路上胃痛。

方宇新在公司裡，總是笑臉迎人。員工不太愛吃公司的午餐，他乾脆專門在飯店叫外賣，大家一起在會議室裡聚餐。

如果員工因為發貨而耽誤了吃飯，方宇新都會事後請員工們吃飯，並且額外給他們一些補貼。

方宇新的點滴真情，讓大家深受感動，員工們都盡心盡力地為他辦事，公司的效益也是節節升高。

中國有句古話：「得人心者得天下。」想要得人心，最有效的方法就是進行感情投資，從小處入手，從細節出發，用自己溫暖的感情來打動對方，這樣必定會取得滿意的效果。

2、感情投資也講究花樣

感情投資的方式多種多樣，如果總是一成不變地用同一種老套的方法，時間一長，會讓人感覺膩煩。事實上，換個花樣，往往能收到更好的效果。

有位推銷經理，在推銷的時候獨創了一套促銷法，並且獲得了良好的效果。

這個促銷方法大概是：每年寫十二封信函，每個月一封，寄給自己認識的顧客。

雖然其目的是推銷化妝品，但是她在寄出的信函裡從來不提化妝品。比如：

一月份：在一幅喜氣洋洋的圖畫上，寫上祝福的話語，比如，恭喜發財、大吉大利等，信函的末尾是自己簡單的簽名。

二月份：信函上寫有情人節的祝福話語，末尾仍然是簡單的簽名。

三月份：信函上寫有祝福女性節日的字樣，末尾仍然是簡單的簽名。

……

不要小看這些信函的作用，雖然它簡單普通，但卻是非常有力的感情投資。

儘管這位行銷經理，在信函中沒有提任何與化妝品相關的字眼，但是這種方法反而給他人留下了良好的印象。等那些客戶打算買化妝品的時候，往往第一個想到的就是她。

3、不盲目進行感情投資

在對他人進行感情投資之前，切忌盲目。應在事前權衡一下利弊，如果確定這個感情投資將給自己帶來益處，那大可以放心去做，但如果沒有多大的用處，那不做也罷。

此外，如果發現朋友遇到了困難需要幫助的時候，應及時地予以關懷，主動送上人情，並且還要把人情做足。這不僅能加深你與朋友之間的感情，而且也是在為自己鋪路。

【掩卷深思】

有效的感情投資，並不是靠心計，而是出於一顆真誠和善良的心。這個過程，不僅能幫助你結交更多的朋友，拓寬人脈，而且還能促使你把自己經營成好品牌。

7 平時留下人情債，有難自有貴人助

俗話說：「在家靠父母，出門靠朋友。」每一個在社會上闖蕩的人，都需要有個好人緣，關鍵時刻才能得到他人的鼎力幫助。

然而，在這個錯綜複雜的社會，好人緣並不是那麼容易得到的。所以，想要在有難的時候有人出手相助，就必須在平時留下人情債，時間久了，你才能累積到豐厚的人脈。

這本是一個人人皆知的道理，但是現實生活中，卻很少有人落實到行動上。朋友落難的時候，很多人都採取不聞不問的態度，更不會表示安慰、關心，甚至還有人幸災樂禍，說些風涼話。可是自己一遇到困難的時候，他們就四處奔走，找朋友幫忙，又是送禮又是賠笑臉，顯得格外熱情。

說實話，這種平時不燒香，臨時抱佛腳的做法用處並不大，不僅不利於人際交往，而且會讓他人覺得你是個很勢利的人。

想要拓寬人脈，一定不要重蹈這種覆轍，而應在平時多留下一些人情債。畢竟風水輪流轉，「三十年河東，三十年河西」，每個人都會有低谷、高峰的時期，至於未來會怎麼樣，我們誰也不知道。

因此，在人際交往中，朋友們千萬不要冷落落難的朋友，該幫忙的時候就應該慷慨地幫忙。這樣，在你落難的時候，對方才會心甘情願地伸出援助之手。

許志豪任職於鋼鐵公司總經理時，每逢節日和假日，家裡的客人就會絡繹不絕，都帶著大包小包的禮物去看望他。可是當許志豪退休之後，節日和假日的時候，家裡也冷冷清清的，鮮少有人來訪，更別說有什麼送禮的了。

正在許志豪心情落寞的時候，以前的一位女職員帶著禮物來探望他。說實話，在許志豪任職期間，這位女職員並不是一個能言善辯、八面玲瓏的人，在公司裡一直屬於埋頭苦幹的類型。因此，許志豪當初並沒有重視這位職員。可是此刻，前來拜訪的竟是這位女職員，許志豪不禁有些感動。

三年後，許志豪又被原來公司聘為經理。他一上任，很自然地就提拔了這位女職員。許志豪心裡明白，這位職員能在沒有利益關係的情況下登門拜訪，一定是出於真誠。這使得許志豪非常信任她，並且在當時產生了「有朝一日，一旦有了機會，我一定得好好回報她」的想法。

從這個事例中，我們可以看到，對每一個人來說，善良地對待每一個認識的人，有時能夠獲得意想不到的回報。

當他人面臨落魄的困窘時，你如果能一如既往地友好對待他，那麼他必定會記住你的人情，而且只要一有機會，他也必定會回報你。

年輕的律師莫妮卡成立了一家律師事務所，專門受理移民的各種事務和案件。

創立初期，莫妮卡吃盡了苦頭，窮得連一臺影印機都買不起，但是在她的努力經營和管理下，她的律師事務所在當地已經小有名氣，財富也接踵而來，她的辦公室擴大了，並有了自己的雇員和祕書。

可是，天有不測風雲，正當莫妮卡事業如日中天的時候，她投資於股票的所有資產全部虧盡，更不巧的是，由於美國移民法的修改，職業移民額減少，她的律師事務所也跟著遭殃，生意冷清。

就這樣堅持了沒有多久，莫妮卡不得不宣布破產。她一下子又回到了一無所有的地步，正在她為自己的生計發愁的時候，她意外地收到一家公司總裁寄來的信。這位總裁在信中說，他想要無償贈送給莫妮卡自己公司百分之三十的股份，而且非常樂意，讓她做自己旗下的兩家公司的終身法人代表。

莫妮卡簡直不敢相信自己的眼睛，天下會有這樣的好事？還是誰在和自己開玩笑？不管怎樣，她決定弄明白這到底是怎麼一回事。

莫妮卡按照信封上的地址，來到了一家裝修很氣派的公司，接待她的是一位中年男人，經介紹，莫妮卡知道他就是寫信的那位總裁。

莫妮卡看著對方陌生的臉孔，有些疑惑。那位中年男人微笑著看著她說：「還認識我嗎？」

莫妮卡搖搖頭。

只見這位總裁從碩大的辦公抽屜中，拿出一張皺巴巴的五美元匯票，和一張寫有莫妮卡名字和地址的名片。莫妮卡十分確定那是自己的名片和筆跡，但是她無論如何都想不起是什麼時候、什麼地點跟這位先生認識的。

她說：「很抱歉，先生，我真的想不起來了。」

那位總裁說：「十三年前，我剛剛來到美國的時候，打算用身上僅剩的五美元辦理工卡，但當時的工卡費已經漲到了十美元，而且那個時候辦事處也快要下班了，我當時非常焦急，因為如果那天我沒有辦好工卡，我在公司的職位就要被人頂替了。就在這時候，妳想都沒想地遞給我五美元，當時我請妳留下聯繫方式，以便日後把錢還給妳，所以妳才留下了這張名片。」

莫妮卡漸漸想起了這件事，問道：「後來呢？」

「不久，我在連續申請了兩個專利，事業也如日中天。我到美國之後，工作、生活都經歷了很多的磨難和冷遇，就在那一天，妳遞給我五美元，卻徹底改變了我對人生和社會的態度，我一直心存感激，總想著什麼時候好好報答妳，現在機會來了。」

無意之間播下的人情債，竟然在許多年後發揮了效用，讓我們不得不相信，人情在人際交往中的重要性。的確，平時留下人情債，不但為自己累積了人氣，也贏得了他人的好感。更重要的是，當自己遭受困難時，能夠得到他人的相助。

【掩卷深思】

人情本身就具有它不可小覷的力量，更何況是在注重人情的中國。所以朋友們，想要把自己經營成好品牌，一定要在平時多留下一些人情債，這樣你才能拓寬人脈，遭遇困難的時候，才會有貴人相助。

第五章　好品牌要有多元化的管道

拓寬人脈，從錯綜複雜的交際迷宮中走出來

第六章

好品牌要有廣闊的賣場

力求專業，在變化多端的職場中不可替代

EXCE

1 五步找好理想的職業定位

所謂職業定位，主要包含有兩層意思，其一就是確定自己是誰，自己適合做什麼工作；其二則是告訴他人自己是誰，自己勝任什麼工作。一個準確、理想的職業定位，不僅能讓你得到持久的發展，而且也是你把自己經營成好品牌的前提條件。

找好正確、理想的職業定位，對每個職場中人來說，都是意義重大的。不管是剛剛跨入職場的畢業生，還是從業多年，已處於事業瓶頸的職場老將，都應該有意識、有計畫、有目的地合理規劃自己的職業生涯。看到這裡，可能有很多朋友會產生疑惑：「到底應該怎麼做，才能找好自己理想的職業定位呢？」

為了幫助朋友們解答這一疑惑，這裡給大家出幾招，只要你認真按照以下五個步驟去實踐，客觀冷靜地分析，你就能找到自己理想的職業定位，而把自己經營成好品牌也是指日可待了。

STEP 1：認清自我

毋庸置疑，認清自我（包括自己屬於什麼性格、自己適合做什麼等等）是做好所有事情的前提，也是找好職業定位的第一步。

在某世界著名大學的入學申請中，必須包含申請人的三方面資訊：優缺點、興趣愛好、三項成就及其說明。由此，我們便不難看出，人們對正確自我認識的高度關注。同樣的道理，在職業生涯中，首要的就是充分認清自我、瞭解自我，對自我進行評估。

認識自我的方式有很多種，孔老夫子的著名弟子曾子，就曾說過「吾一日三省吾身」，提倡要經常對自己進行自我檢查和自我反省。雖然曾子所生活的時代距離當今已兩千多年，但是到現在，這種方式也是進行個人評估的重要方法。在進行自我反省的同時，朋友們還可結合家人、朋友對自己的看法、評價，來進一步瞭解自己。

此外，還有一種更全面、科學的方法，就是憑藉一種有效方法和工具——職業素質測驗量表，來進行檢測。透過測驗，可以從自己的個性特徵、行為習慣、能力結構、優勢劣勢、職業興趣、價值觀等等，全方面來瞭解自己。其中，從職業興趣能夠清楚自己喜歡做什麼，從個性特徵可看出自己適合做什麼，從能力結構可以瞭解自己能做什麼，從價值觀則能夠看出自己最看中，最在乎什麼。

STEP 2：環境分析

古人云：「知己知彼，百戰不殆。」，有了第一步「知己」的準備後，接下來就應該做到「知彼」。這裡所說的知彼，並不是指某個具體的人，而是指自己身處的周邊環境，主要是職業環境。試想，如果一個人對職業環境一知半解，他又怎麼能投身於一份真正適合自己的工作中呢？

想要在變化莫測的職場中成為「搶手貨」，朋友們就應該充分瞭解職業環境的各種因素，只有這樣，才能結合自身條件，因勢利導、避害就利，把握機遇，促進自身的發展。

無論如何都要記住，想立足於社會，就應該清楚社會需要什麼；想找到一份理想的工作，就必須讓自身能力與工作需求相匹配。

此外，想要把自己經營成好品牌，還要學會對職業機會進行理性的評估，避免在不熟悉的環境中，產生脫離實際的幻想。在完全瞭解職業環境後，再衡量自身條件與職業的匹配程度。與此同時，還要搞清不同職業的特點、現狀、發展趨勢，當然還包括自身經濟狀況等等。

STEP 3：確立目標

研究顯示，有超過百分之八十的事業受挫人士，都沒有明晰的職業目標，或者選擇了錯誤的職業目標。由此可見，職業目標的確立和選擇，對個人的職業生涯，有著不可忽視的影響，是制訂職業生涯規劃的核心部分。而之前介紹的兩步，則是確立正確的職業目標，必須要考量的內外因素。

結合前兩步介紹的內容，我們可以知道，自身優勢對個人的發展，發揮著非常重要的作用。所以，想要把自己經營成好品牌的職場新人，一定要盡可能地將職業目標與自己所學專業，以及自身優勢相結合，妥善利用自身所具有的資本。之所以要這樣，是因為跨行跨業，很容易讓你在求職中失去固有的優勢，入職後，更需要耗費大量的時間和精力，來學習新的知識和技能，把自己經營成好品牌也將需要更長的時間。

對於已經有過工作經驗，卻不願繼續從事目前工作的職場人士來說，應盡量制訂一個在自己能力範圍之內的職業目標，最好的方法，是在公司內部換工作職位，如果條件不允許，需要另換公司，也應該盡可能地從事與自己工作經驗相關的職業。

如果不想違背自己的興趣和性格，不願被現有的工作制約日後的發展，那就必須要篩選出一個與自身個性、能力都匹配的職業。

一旦確定了自己的職業目標，今後面對跳槽問題時，也就有了方向可循，不用再把時間浪費在頻繁的嘗試上。

STEP 4：執行計畫

目標確定後，就應該有策略、有計畫地去執行，將目標付諸實踐，否則很難成功。從時間上來看，應制訂三個時期的規劃——短期、中期、長期。每個時期分別有不同的目標，每個目標都一定要清晰，且具有可行性。比如，一名中小企業普通員工的規劃為：短期目標是通過兩年的基層鍛鍊和業務累積，爭取兩年後晉升為業務主管；中期目標是通過三年基層管理，跳槽到另一家同類大企業任職部門主管；長期目標則是花五年時間，升職為部門經理。

當然，實現目標的策略和計畫是因人而異的，如果自身各方面的條件都比較成熟，有能力迅速獲得某個職位，那就可以省去中間的環節，一步到位。但如果現實條件不允許，也不應心急，應穩紮穩打，一步一腳印地慢慢邁進。就比如一個酒店管理專業畢業的學生，想經營一間屬於自己的酒店，但資金和經驗都欠缺，那他可以選擇先去一家酒店工作學習，累積經驗、人脈、資金，等時機成熟後，再自己創業。

STEP 5：靈活調控

俗話說得好：「計畫趕不上變化。」在職業生涯中，難免會有這樣那樣的主客觀因素，影響規劃的制訂和發展。這些因素裡，有的是可預測的，而有些則捉摸不定、變幻莫測。想要在這個瞬息萬變的過程中，使自己的既定規劃行之有效，把自己經營成好品牌，就需要你具備靈敏的感知力和觀察力，只要察覺到變化，就應迅速調整計畫，以便讓自己向著更好的方向發展。這些調整包括職業的二次選擇、職業生涯路線的變向、人生目標的重修、計畫書的變更等等。

千萬不要被這一系列的調整所嚇到，要知道職業生涯是一個漸進發展的過程，為了能讓自己的職業生涯順利發展，朋友們必須不斷調整、不斷完善自己的職業規劃。隨著時間的推進，當外部環境發生變化時，自身條件也必須緊隨其後、與時俱進，靈活調整最初的職業規劃。

總而言之，朋友們只要嚴格遵照以上五步來執行，就一定能夠為自己找好理想的職業定位，而把自己經營成好品牌也指日可待了。

【掩卷深思】

美國著名的外科醫生麥斯威爾．莫爾茲博士曾說過：「無論何時，只要可能，你都應『模仿』你自己，成爲你自己。」是的，不管多麼理想的職業定位，都需符合自身的條件，適合自己、對自己「好」的定位才是「理想」的定位。

2 樹立生涯目標的十二步練習法

在為自己制訂職業規劃的過程中，必然會涉及到職業生涯目標的設立。針對這一點，大多數朋友都表示茫然不知所措。之所以會這樣，是因為他們普遍都不清楚自己到底想要什麼，就算明確了也不知道該如何去爭取、實現。

為了不讓這樣的現象在自己身上發生，你應該有意識、有針對性地進行練習，找一個空閒的時間，讓自己平心靜氣，拿起紙和筆，一步一步來完成這整個練習。

第一步：放鬆心情、清除雜念，無所顧忌地為自己編織夢想

不要放過自己的每一個念頭和心願。當你的某些想法閃過腦際的時候，應該及時將它們記下來，儘管寫，不要顧忌語法和表達方式，直到寫無可寫為止，而寫下來的內容都代表著你內心深處的渴望。

第二步：為你所寫下來的心願，訂一個預期達成的期限

光有心願和想法，卻沒有實際行動，是遠遠不夠的。所以，朋友們還需要將自己的心願和想法，落實到行動中，問問自己這個心願何時能夠實現？一旦心裡有了一個預設的期限，就會在無形之間產生行動的動力。這樣，你那些原本只停留在紙張上的閃念，就會變成實實在在的目標，而那些沒有規定時限、沒有落實到行動中的想法，則只能繼續淪為虛無縹緲的美夢。

第三步：從你所寫的心願中，依次選出目前你認為最重要的四個目標

在選擇時，一定要保證選出來的四個目標，必須是你最難以捨棄的、最願意投入的、最令你滿意的，與此同時，還要簡明扼要地寫下選擇它們的真實原因。之所以要這樣做，是因為如果你在做每一件事情前，都能進行足夠的考慮和思量，擁有充分的理由，那這件事情也就成功了一半。要知道，正是動機激勵著我們在職業生涯中勇往直前。

第四步：看看你所設定的目標，是否符合有效目標的五大規則

這五大規則具體包括：

（1）、目標是被你所肯定、信服的。

（2）、目標是具體詳細的，完成期限與項目是明確化的。

（3）、自己可以隨時隨地監控進度。

（4）、主動權掌握在自己手裡，而不是由他人來掌控。

（5）、是否對自己的職業生涯有利。

所設定的目標必須符合以上五大規則，才算是合理、有效、可行的。

第五步：制訂一份詳細的個人資源清單

清楚掌握自身的資源，對於個人的職業生涯發展是非常重要的。所以在樹立生涯目標的時候，朋友們不妨仔細回顧一下自己擁有哪些重要資源。一份詳細具體的個人資源清單，能夠幫助你更清楚地認識自己和所處的環境，引導你如何制訂計畫，怎樣去耕耘，讓你清楚什麼時候使用哪種資源。

第六步：回顧過去，總結自己的成功經驗

雖然古人云：「好漢不提當年勇。」

但是對一個打算在變化多端的職場成為「搶手貨」，把自己經營成好品牌的人來說，回顧過去、總結自己的成功經驗是非常必要的。在這個回顧、總結的過程中，你能知道自己將哪些資源運用得爐火純青。

與此同時，你還應該從中篩選出最成功、最功績顯赫的兩三次經驗，在這兩三次經驗中，找出致使自己成功的「特別原因」，而這些特別原因就是你成功的祕笈。

第七步：弄清自己具備哪些有利條件

俗話說：「知己知彼，百戰不殆。」其中，知己是首要因素。在你按圖索驥，依照上面的步驟，一步一步做下來的同時，也請你記下自身所具備的有利條件，並且試著在今後的職業生涯中，充分、有效地利用這些有利條件，幫助自己實現自己的生涯目標。

第八步：理清思路，設定計畫

在設定計劃之前，應先把思路理清。哪些因素阻礙你前行？哪些因素讓你不能馬上實現預定的目標？你可以採用哪些辦法促成目標的實現？有哪些成功者可供你學習參考？理清思路後，就應著手設定實現目標的計畫。

第九步：細化計畫

針對第三步所選擇出來的四個重要目標，細化計畫，制訂出每一個詳細步驟，包括第一步該做什麼、第二步如何過渡銜接、怎麼做可以事半功倍等等。不僅如此，朋友們還應該計畫好每天的任務量，放眼當下，切忌好高騖遠。

第十步：為自己樹立學習的榜樣

古人云：「以人為鑑，可明得失。」的確，現實生活中，將他人的成敗得失，做為自己的鑑戒，可以幫助自己成長得更快、發展得更好、走得更遠。所以在職業生涯中，朋友們一定要找幾位同領域的成功人士，做為自己的學習榜樣，從他們那裡汲取實現目標的成功經驗，記住他們是如何獲得成功的，並結合自身的具體情況來謀求發展。

第十一步：為自己創造一個良好的外部環境

相信朋友們都聽說過《三字經》中「孟母三遷」的故事，為了能讓兒子擁有一個真正良好的教育環境，孟子的母親煞費苦心，曾兩遷三地。由此可見，環境對一個人的影響是非常深遠的，甚至會改變一個人的命運。

同樣的道理，對一個想在變化無常的職場成為「搶手貨」，把自己經營成好品牌的人來說，給自己創造一個有利於目標實現的優勢環境，也是必不可少的。

第十二步：將已成功實現的目標記載下來

為自己準備一張表，將自己已經成功實現的目標記載下來，這樣做的好處，是可以讓你從中獲得經驗和鼓舞，並學會感恩。懂得感恩是成功者的一大特質。此外，不要總是一味地盯著未來看，應珍惜當下所擁有的，把握好現在。

當你按部就班地，完成上面的十二步練習後，你一定已經寫下了一張合理完善的規劃書。寫完後，不要放在一邊不再理會，而應該經常拿出來提醒自己，激勵自己不斷前進。慢慢地，你會發現自己的思維變得越來越敏銳，職業生涯目標也越來越清晰明確，並且能夠在日常工作和人際關係中，快速捕捉到那些有助於目標實現的特點，並納為己有。做到這一點，你在職場就會變得遊刃有餘。

【掩卷深思】

職業生涯目標一旦確立，你在變化多端的職場，就會變得有方向感，內心也不會再漂浮不定，並且會有一種無形的動力，推著你不斷向前。只要如此堅定地走下去，將自己經營成職場上的好品牌，也就指日可待了。

3 不可不知的面試技巧

每個人在求職應徵的過程中，都會首先遭遇面試這一關。而面試的成功與否，直接決定了你是否能在眾多競爭者中脫穎而出，成為萬綠叢中的那一點紅。

面試對每個求職者來說，都是至關重要的一個環節，如果掉以輕心、稍一疏忽，就很有可能因此而痛失自己的理想職位。

相反，如果能夠熟練掌握一些面試技巧，做好充足的準備，那麼過關斬將、順利通關，也不是什麼困難的事情了。

為了能讓自己在職場中站住腳，朋友們（尤其是初涉職場的新人）一定要熟稔以下不可不知的面試技巧：

1、面試著裝要得體

俗話說得好：「人靠衣裝，馬靠鞍。」你的著裝是否得體，直接影響著你能否給面試官，帶來良好的第一印象。

因為透過衣著，面試官可以看到你內在的資訊，包括你的世界觀、你的心胸氣度、你與環境的適應度、你的人際和諧度，以及你的工作和生活態度等等。

有鑑於面試著裝的重要性，朋友們一定要在這一點上給予足夠的重視，遵循以下三條原則：

（1）著裝要穩重大方，最好與你要應徵的公司性質、職位的風格相符合。比如，去外資企業面試，男士穿西裝、女士穿套裙，是最通用最得體的著裝，雖然從款式、外形上看有些古板，但是卻能夠表現你嚴謹認真的辦事風格和工作態度。

（2）不宜過度修飾自己。面試時，男士抹髮膠，女士染顏色鮮豔的頭髮、噴氣味過濃的香水、塗色彩豔麗的指甲油，都是不合時宜的。對男性來說，保持乾淨整潔就足夠了，而女性則可以花一點時間，化個清新的淡妝，這不僅能改善自己的精神面貌，而且也是職場中最基本的社交禮儀。

（3）可以稍微添加一些有品味的小配飾，提升氣質。男士可以佩戴優質得體的領帶，女士則可以適當使用精緻的胸針、款式大方的拎包、優雅的亮色絲巾等等，只要搭配適當，這些小配飾，都能發揮畫龍點睛的作用。

2、要有強烈的時間觀念，寧早勿晚

面試之前，務必要先弄清楚面試的具體地點，條件允許的話也可以先跑一趟，熟悉交通線路和地形，並且計算一下路程需花費的時間。當你對面試的地點，有了一個大概的瞭解後，等真正面試的那一天到來時，你就不會因陌生而感到膽怯，也不會因找不到路而耽誤時間。

在時間的把握上，寧可早到三十分鐘，甚至一個小時，也不可遲到一分鐘。試想，哪家公司會任用一個時間觀念淡薄的人呢？記住，遲到就意味著失敗，所以面試的時候，務必要做到寧早勿晚。

等待面試的過程中，切忌東張西望、大聲喧嘩。

3、面試時，應注意自己的言談舉止

相信大家都聽說過「禮多人不怪」這句話，所以，在面試中做到言談舉止恰當、謙和、禮貌，是非常重要的。你的臉部表情、身體語言、儀態舉止等，都會被面試官盡收眼底，成為他們評價你綜合素質的因素。

要知道，無論是面試前的敲門，還是面試中一句不經意的「謝謝」，都能展現你內在的素質和自身的修養。可以說，你的言談舉止是展現給面試官的第二張臉。

想要在面試中保持良好的言談舉止，應做到以下幾點：

（1）不要一邊說話，一邊東張西望，要懂得與面試官進行眼神交流。

（2）切忌蹺二郎腿或者將雙手交叉放在胸前，否則會給面試官留下不好的印象。

（3）說話時要莊重大方，不要做出誇張的動作和表情。

（4）不要一邊說話，一邊拽衣角，這會讓面試官覺得你不夠大方自信。

4、自我介紹一定要做好

一般來說，面試的第一個環節就是自我介紹。儘管自我介紹的時間比較短，只有一～三分鐘，但是它卻可以像廣告一樣，做得短小精悍。一個好的自我介紹，必然是內容豐富、特點突出的，並且能夠給面試官留下深刻的第一印象。

看到這裡，可能會有一些朋友問道：「應該怎麼做好自我介紹呢？」對於朋友們的疑問，這裡給出以下幾點建議，只要你在做自我介紹的時候嚴格遵循，你就能迅速抓住面試官的目光，邁出成功推銷自己的第一步。

（1）陳述事情時，應注意先後順序。

人都有「先入為主」的思維定勢，基於這一點，在做自我介紹的時候，應該先說最重要、最能突出自身優勢、最想讓面試官記住的話。只有這樣，才能讓面試官在第一時間記住你。

（2）懂得投其所好，恰當地展示自己的優勢和強項。

不同的應徵單位，對應徵者的要求各有不同，會根據公司的具體情況和性質，來制訂最契合自己的招募標準。所以，在做自我介紹的時候，要懂得有的放矢、投其所好，有針對性地介紹自己，恰如其分地展示自己的優勢和強項，讓面試官感覺你就是公司要找的理想員工。

（3）不要說空話，更不要誇誇其談，而是要透過實例來證明自己的能力。

眾所周知，面試就是要把自己最好的一面，展現給面試官，讓他接受你，給你工作機會。所以，在面試時表現自己、嶄露鋒芒是理所當然的事情，但也應該注意一個度，千萬不要誇誇其談、說空話，更不要把自己吹得天花亂墜，否則會讓面試官覺得你是一個不誠實、不可靠的人，對你的印象大打折扣。

在展現自己的優勢和能力時，應盡量透過事實來證明自己。比如，對一個剛踏入職場的大學畢業生來說，直接拿出自己的成績單和獲得的獎勵給面試官看，效果比只是口頭說自己成績優異，獲得過老師的器重，來得真實有效。

5、學會察言觀色，看人下菜碟

前面說過，不同的公司，對人才的要求標準是不同的，同樣，不同的面試官，對選拔人才的標準也是不一樣的。在面試的過程中，面試官與應徵者，形成了一個雙向溝通、人際互動的局面。這個時候，面試官的一個表情、一個動作、一個眼神，都透露了他內心的想法。

因此，朋友們一定要學會，在面試的過程中，看面試官的「臉色」，對症下藥，這樣才能贏得面試官的「芳心」，在選拔中脫穎而出。比如，你正興致盎然地介紹自己的興趣愛好，面試官卻將眼睛移向其他地方，不和你做眼神交流，表現出漫不經心，甚至不耐煩的樣子。這時，你就應意識到，面試官或許對自己所說的內容不感興趣，要想辦法轉移話題，找一些面試官感興趣的內容來談。

6、回答面試官問題，應考慮周全，不要逞口舌之快，要學會揚長避短

沒有人是十全十美的，每個人都會有優點，也會有缺點。

所以，在面試的過程中，朋友們要盡量做到揚長避短，回答面試官問題時，應考慮周全，不要逞口舌之快。努力做到以下兩點：

（1）用恰當自然的方法，展現自己在性格、工作能力等方面的優勢，維持在言談舉止上，最大限度地展現自己的長處，但也需要注意一個度，切忌一味誇獎自己，否則會給面試官留下驕傲自大、不夠謙虛的印象。

（2）盡量繞過、避開與自己缺點、短處相關的問題，當問題觸及到自己的短處、弱點時，應在大方承認缺點的基礎上，巧妙地轉化，化不利條件為有利條件。

7、學會臨機應變

面試時，面試官和應徵者一樣，都是有備而來的，他們的每一個問題，都是事先準備好，並且具有針對性的，因此，朋友們在面試時應做到靈活應對，回答出重點來，這樣才能博得面試官的好感。

有時，面試官可能會突然來個一百八十度大轉彎，問一個似乎與面試毫無關係的問題。這個時候，

朋友們萬萬不可慌了手腳，而應保持冷靜，懂得隨機應變，回答問題前，先想一想面試官是否別有用意，是否是從側面來考驗自己，然後再做出相應的回答。

8、保持自信

自信是人內在精神狀態的外在展現，也是每個想在變化多端的職場成為「搶手貨」，把自己經營成好品牌的人必備的素質。

那麼應該如何保持自信呢？只要朋友們能做到以下幾點，就可以在面試中讓面試官對你刮目相看。

（1）保持微笑，目光堅定。微笑是最好的名片，而堅定的目光，也會使你看起來更加自信積極。

（2）緩解內心的緊張情緒，在面試過程中從容鎮定。面試時，要以一顆平常心來面對，切忌太過緊張，因為鎮定從容的心態，會使你保持思維敏捷，從而發揮得更為出色。

（3）說話語氣應不卑不亢，回答切忌模稜兩可、含糊不清。面試過程中，朋友們要知道，面試官在發問時，可能更看重的並不是多麼完美的回答，而是你自身的綜合素質。

所以，朋友們在回答面試官提出的問題時，不要擔心自己不能給出一個完美的答案而慌張，更不要因此而低聲下氣或者支吾作答。

正確的態度應該是不卑不亢，明確自己的立場和看法，只有這樣，才會給面試官留下良好而深刻的印象。

【掩卷深思】

面試是所有職場中的人，都會經歷的一個過程。做爲應徵成功的敲門磚，面試在每個人的職業生涯中，都發揮著舉足輕重的作用，以上所介紹的面試技巧是不可不知的，必須要熟練掌握，只有這樣，才能在競爭激烈的職場中擁有一席之地。

4 投其所好，靈活應對不同的上司

身處職場的朋友一定都清楚，與上司相處是一門高深的學問，所謂「伴君如伴虎」並不僅僅只是一句戲言。

據調查顯示，現實世界中，有百分之八十的員工，要求調動工作的原因，都與沒有處理好和上司之間的關係有關，而在員工被解雇的原因中，人際關係不好所佔的比例是能力差的兩倍，並且大部分是與上司之間的關係出現了問題。

由此可見，怎樣處理好和上司之間的關係，確實是一門令人頭痛，卻又極其重要的學問，它既不像交朋友那樣，合不來就分道揚鑣，也不像談戀愛那樣，不喜歡就Say goodbye。

為了能夠取得上司的賞識，朋友們就一定要懂得給自己的上司「號脈」，不管上司是瓜還是豆，是好還是壞，都應試著去接受，並且盡量瞭解上司的性格愛好、為人處事的風格等等。只有掌握了與不同的上司的相處之道，投其所好，你才能贏得上司的「芳心」。

一般來說，上司可以分為以下幾種類型，朋友們可以有針對性地採取相應的對策：

1、工作狂型

這種類型的上司，可以說是典型的加班狂人，他們視工作為生命，似乎不工作他們就渾身不舒服。他們所賞識的下屬，往往是那些能和自己同甘共苦的人，必須能經常跟著自己加班。

如果工作緊迫，必須透過加班才能完成，那朋友們大可以接受。但如果工作實在沒必要透過加班來解決，那你可以考慮勸解一下你的工作狂上司，告訴他某些工作並不需要他親力親為，可以分派給其他同事來做，以便讓他能夠騰出更多的時間來處理別的事務。

如果工作狂上司還是「執迷不悟」，那你就可以採取第二套方案——找藉口拒絕加班，理由當然是越合理越好。

如果上司對你的拒絕表示不滿，你應該進一步做出解釋，告知上司自己會維持高效率完成本職工作，並委婉地告訴他，不斷地埋頭苦幹，並不適合每一個人。需要注意的是，在說這些話時，朋友們一定要注意場合，否則很有可能職位不保。

2、不負責任型

這類上司最大的特點是不負責任，他們經常做的事情則是推卸責任，製造黑鍋給下屬背。比如，有些工作上的問題，明明是他自己的失誤，他卻能面不改色，心不跳地，將責任推卸給自己的下屬，讓下屬成為自己的代罪羔羊。除此之外，這類上司在分配給下屬任務的時候，也常常忽略「民情」，只是硬性要求下屬按時完成任務。

如果朋友們不幸遇到這樣的上司，並且替他背了不只一次的黑鍋，想必內心充滿了怨氣。但是，請朋友們記住，委屈再多，也一定不要把苦水倒給其他同事。

之所以不要這樣，是因為如果讓別的同事知道你對上司的抱怨和不滿，你就等於在不知不覺中，給自己埋下了一顆危險的炸彈，一旦這些抱怨傳到你上司的耳朵裡，你就吃不了兜著走了，最終鬧得兩敗俱傷。

基於此，朋友們偶爾替上司背一背黑鍋也無妨，只要這個黑鍋不牽涉到原則問題就好。對此，上司必然心知肚明，也會心存感念，說不定哪天就會藉機還你這個人情。

至於上司做出的那些不合理的工作安排，你可以找個恰當的時機，用委婉的方式向上司說明一下自己的難處，並且商量出一個更合適的解決辦法。

3、獨斷專行型

此類上司最大的特點，就是做事獨斷專行，從不願聽取他人的意見。對待下屬，總是吹毛求疵、雞蛋裡挑骨頭，甚至連下屬的私事都想插上一腳。

對付這種類型的上司，最有效的辦法就是盡量把自己的工作做仔細、做到位，讓他無可挑剔。

4、自私型

自私型的上司常常會把好的機會、大的利益都留給自己，而把那些繁雜瑣碎、吃力不討好的小事，都留給自己的下屬。

面對上司這種自私行徑，朋友們最好的對策就是先按兵不動，盡量滿足上司的「私慾」，認真快速地完成上司安排給自己的瑣碎任務，並主動輔助上司解決一些工作上的事宜。

上司再怎麼強大，他也不可能一直單打獨鬥，當你看到他在工作上，需要幫助或者遭遇困惑時，你一定不要因為他的「前嫌」而不去主動向他伸出援助之手。

正好相反，這個時候恰恰是你在他面前表現自己的最佳時機，幫助他，功勞卻是他的，他自然會欣然接受，對你也會另眼相待。

但要記住一點的是，無論如何，也不要對這位上司抱有什麼幻想，也不要試圖去親近他，你只要默默地、虛心地學習他的工作能力就可以了。

5、自負型

這類上司往往能力不俗，因此總是自信過頭，認為自己最強，無人能敵，不把下屬放在眼裡，最典型的表現就是愛在下屬面前擺架子。

應對這種自負的上司，朋友們要做的是盡量迎合、尊重他，最好不要和他硬碰硬，否則，最終吃虧的只會是自己。

6、愛慕虛榮型

這樣的上司一般把名譽看得非常重，因此格外喜歡聽好話。對於他人的讚美之言，他往往都是來者不拒，而對於他人的批評建議，他卻一概拒絕，並會為此耿耿於懷、懷恨在心，總想著伺機報復。

對付這類上司可就容易多了，只要多奉承奉承他，多拍拍他的馬屁就可以了。

但需要注意的是，奉承拍馬也要掌握一個度，不能太過，也不能太牽強，否則會讓上司心裡不悅，甚至會招來同事的鄙視。

與此同時，朋友們還要注意場合，如果不小心拍到馬蹄子上，那為此遭殃也就只能自認倒楣了。

7、變色龍型

所謂變色龍型上司，就是指這類上司沒有固定的原則，做事總是朝令夕改、見風轉舵，常常會讓你捉摸不透、無所適從。

面對如此多變的上司，朋友們應該做多手準備，在基本遵照上司意圖的前提下，做好隨時改變的心理準備，靈活應變。比如，上司要求你做一份企劃書，你就可以先做一份大綱和草稿，這樣，當上司改變計畫時，你也可以隨時根據他的要求做出相應的改變，等上司滿意、確定下來之後再做定稿。

8、無能型

這類上司的存在，簡直就是形同虛設，他們吃著閒飯卻幹不了活，可以肯定地說，這種人之所以能做到領導者的位置，與其自身的能力毫無關係，

跟著這樣的上司，你只要不去冒犯頂撞他，通常也不會招來什麼禍端。從另一個角度看，在這種上司手下工作，你發揮的空間也會比較大，不會受到太大的限制，你只要給足他面子就行。至於工作能力的提升，你就只能偷偷向別的有能力的上司學習或者自己琢磨了。

9、衝動型

衝動型上司一般都性子急躁、脾氣火爆、遇事易衝動，他們常常會為一些工作上的小事情，而向下屬大發雷霆，總讓下屬們如履薄冰。

對付這種火爆脾氣的上司，最好的辦法就是以柔克剛。

日常工作中，一定要盡量把分內事做好，當他對著你發火的時候，千萬不要頂撞反駁他，那只會是火上加油。最好是先找到上司發脾氣的原因，如果是自己犯錯導致的，那你就應該及時承認錯誤，爭取盡快找到補救的辦法；如果你只是不幸成了他的出氣筒，只要不涉及到原則問題，那也可以適當地忍一忍。

10、懶惰偷功型

這類上司是比較可惡的，他們總是把自己的工作推給下屬做，到最後，卻把所有的功勞都歸到自己身上。

對待這種懶惰偷功的上司，朋友們萬萬不可硬碰硬當面揭露他的真相。最有效的辦法是為自己找一個功勞的見證人，也就是說在你辛勤工作的過程中，找另一個同事做為見證者，讓他親眼見證你所付出的一切。

一旦有了第三者的見證，就算功勞最終被上司撈去，那真相很快就能以一傳十、十傳百的速度在公司傳播開來，輿論的壓力自然會讓你的上司有所收斂。

11、嚴格謹慎型

這種類型的上司，其最大的優點恰恰也是其最大的缺點，他們做事嚴格謹慎，但有些過度，謹慎細緻到對你工作上的每一個細節，他幾乎都要親自仔細確認。

如果你性格大大咧咧，做事比較粗心馬虎，那這樣的上司就必然是你的「剋星」了。

對待這種嚴格謹慎型的上司，切忌表現出你不耐煩的情緒，否則他會變本加厲，對你的要求更加苛刻。最好的解決辦法就是改掉你粗心大意的毛病，把工作做得細緻到位，讓他無可挑剔。

換一種角度看，這樣的上司雖然有一些婆婆媽媽，但是他對你的嚴格要求，也會在無形中助你更快地成長。

【掩卷深思】

一位資深的人力資源總監，曾說過這樣一句話：「一個幸運的職業人，要擁有三個必備條件：一份自己喜愛的工作，一個呵護自己的家庭，還有支持、賞識自己的上司。」而想得到上司的支持和賞識，除了自身能力要過硬外，朋友們還需全面瞭解自己的上司，努力去適應上司的脾性，投其所好。

5 對症下藥，與不同的同事融洽相處

對行走在職場上的朋友來說，更是會經常遇到形形色色的同事。一般來說，工作中的同事可以分為以下幾類：

1、滿腹牢騷型

倘若你的同事是一個愛抱怨、滿腹牢騷的人，那也不要輕易表露出你的不耐煩。為了表示基本的尊重，顧及同事的面子，你可以先委屈一下自己的耳朵，禮貌性地聽聽同事的抱怨，並且不要忘了對他們的處境表示自己的同情之心。

如果他們還是喋喋不休，甚至越說越來勁，那麼你不妨試著進行正面勸慰，將同事的注意力拉回到工作中來，比如說：「我們所生活的世界，本來就是不公平的，抱怨也於事無補，甚至會讓事情變得更糟糕。與其抱怨發牢騷，還不如努力工作、強大自己。」

2、搬弄是非型

這種類型的同事專愛說人閒話、搬弄是非，因此最好避而遠之，少招惹一些不必要的麻煩。萬一不幸被這種人中傷，那麼最安全保險的辦法就是當面對證。當然，對證的時候也沒必要盛氣凌人，擺出一副興師問罪的架勢，建議可以採用這樣的開場白切入主題：「聽說你最近對我的事情特別感興趣，你說我……不知道這是不是誤會呢？」這樣一方面給對方解釋的機會，另一方面也幫助自己澄清事實。

3、苛刻挑剔型

假如你的同事是一個非常苛刻挑剔的人，那麼你不妨先仔細地觀察分析一下，他挑剔背後的動機是什麼？是故意找碴難為你，還是對方本身就是一個要求很高的人？如果對方總是雞蛋裡挑骨頭，話裡有話，處處為難你，那你也不要打落牙齒往肚裡吞。可以選一個適當的時間和對方說清楚，相信這樣也可以在一定程度上，打壓一下對方的囂張氣焰。

4、脾氣暴躁型

面對脾氣暴躁、情緒控制力差的同事，朋友們不妨進行「冷處理」，等對方冷靜下來再處理。此外，在對方即將發飆的時候，你可以「暫時離開」，比如藉故去洗手間或者說自己有急事，延後再談，這樣或許能夠僥倖躲過一場「暴風雨」。

以上是針對不同類型的同事，所給出的相應策略，除了這些以外，在與同事的交往中，還應遵循以下兩點原則：

1、距離原則

相信很多朋友都聽說過刺蝟取暖的故事：冬天，為了取暖禦寒，有兩隻刺蝟試圖緊緊依偎在一起。可是很快牠們就發現，一旦靠得太近，就會被對方刺痛，而離得太遠又無法相互取暖禦寒，嘗試了很多次後，這兩隻刺蝟終於找到了一個最佳距離，在這樣的距離下，牠們既不會相互刺傷，又可以使彼此溫暖。

不僅刺蝟如此，人與人之間的交往也是這樣，彼此距離太遠，便會變得淡漠生疏，距離太近，又會出現分歧、爭吵和傷害，只有保持在一個不遠不近的恰當的距離內，才能融洽相處、相安無事。同事之間的交往，也應該遵守這個距離原則，把握好適當的距離，使自己既不受傷害，又能很好地與同事相處共事。

謝盛剛是一位剛剛畢業的大學生，他懷著夢想獨自來到了大都市，雖然舉目無親，但是這個城市，卻給了謝盛剛想要的朝氣活力和廣闊空間。

跑了一個星期多的招募會，經歷了多場面試後，謝盛剛終於進入一家外貿公司的人事部，如願以償地開始了自己的職場生涯。

然而，滿腔熱情的謝盛剛，在進公司的第一天就遭遇了冷淡對待。同事們都各自忙著自己的事情，除了在謝盛剛進行自我介紹時，禮貌性地打了一個不鹹不淡的招呼外，其他時候都像一座封凍的冰山，面無表情。

就在謝盛剛感到備受冷落的時候，梁智輝主動上前和他攀談起來。因為梁智輝是公司裡第一個對自己笑的人，所以謝盛剛對梁智輝的印象格外好。只要工作上遇到什麼問題，謝盛剛都會第一時間去請教梁智輝，心裡有什麼煩心事，也會向梁智輝傾吐，漸漸地，兩人便成為了無話不談的好兄弟。

然而好景不常，在多次的接觸交往中，謝盛剛發現梁智輝是一個非常自私，並且城府特別深的人，而梁智輝也不喜歡謝盛剛的固執和幼稚，性格不合的兩個人之間開始有了分歧、矛盾和爭吵。

謝盛剛為此感到非常難過，然而，更讓他意想不到的是，梁智輝竟然在背地裡向上司打「小報告」，在其他同事面前說自己的壞話。

本就內向的謝盛剛越來越受到冷落，最終忍無可忍提交了辭呈。

現實世界中，有過謝盛剛這樣遭遇的朋友不在少數，他們把某個同事當作自己的好朋友，與對方無話不談，最終卻落得傷痕累累的下場。之所以會這樣，是因為他們忽略了這樣一個道理：同事之間的情誼，或多或少存在功利的牽扯，很難和友誼相提並論。

基於這一點，就算是關係再好的同事，朋友們也應該遵守距離原則，注意與對方保持一定的距離，清楚什麼話該說、什麼話不該說。只有這樣，你才能長期地和不同的同事融洽相處。

2、地位平等原則

與同事相處的另一個原則，就是要保持地位上的平等。不管你擁有多麼優越的家庭背景，也不管你取得了多麼讓人望塵莫及的高學歷，都請你記住，職場中的同事關係是平等的，它的處理，也有一定的禮儀規範可循，最基本的就是要注重人與人之間交往的基礎——平等以及相互尊重。真誠合作、同甘共苦和公平競爭，是讓同事關係平等的一個基礎，注重保持與同事間地位上的平等，會讓你成為辦公室裡受歡迎的人。

劉曉娜是一家私人企業的普通員工，因為是老闆的親戚，公司的領導者都對她關照有加，而同事們也都客氣地和劉曉娜保持著一定的距離，生怕得罪這位有靠山、有背景的人。

然而，劉曉娜卻並沒有因為自己的特殊身分恃寵而驕，相反，她對同事都非常熱情。儘管如此，同事們還是對她心存戒備。

直到有一次公司同事集體出遊，才徹底改變了大家對劉曉娜的看法。一路上，劉曉娜總是熱心地幫助同事，還搶著幫同事提東西。對此，同事們都有些過意不去，劉曉娜卻笑著說：「我知道，因為我是老闆的親戚，大家都會覺得我不好相處、心存戒備，其實並不是這樣的，我一直相信同事之間要保持尊重和平等，這樣才能融洽相處。」

從此以後，同事們不再刻意疏遠劉曉娜，和劉曉娜的關係也越來越融洽和睦。

從劉曉娜的經歷中，我們不難看出，堅持地位平等、相互尊重的原則，是處理好同事關係的前提。只有在遵守以上兩個原則的基礎上，具體問題具體分析，對症下藥，才能和同事融洽相處。

【掩卷深思】

同事關係是職場交際中不可忽視的一項。面對性格各異的同事，只有學會具體問題具體分析，對症下藥，才可能把錯綜複雜的同事關係處理妥當。

6 面對下屬，溫和不擺架子

「唉，真受不了我們經理，一個芝麻粒大點的官，架子倒擺得不小。他越是這個德性，我們就越懶得理他，越想和他作對。」

「我們部門的主管講起話來，老是裝腔作勢的，不把人放在眼裡。自己都沒多大本事，憑什麼瞧不起人啊？」

在現實生活中，我們經常會聽到類似上面這樣的議論。之所以會出現這麼多目中無人、愛擺架子的上司，是因為在很多人的內心深處，仍舊存在極其強烈的「官本位」思想，有這種思想的人，都堅守「官大一級壓死人」的信條，認為自己的職位比別人高，就可以肆無忌憚地管別人，自己說什麼別人就得聽什麼，就可以目空一切，在別人面前擺架子。

殊不知，做為一位上司，過分以自我為中心、無視他人的存在、嚴重脫離下屬，是不可能在現代職場中站穩腳跟的。而一位受下屬擁戴的領導者，其品格往往能贏得下屬發自內心的讚賞，他所管理的團隊，也會有較強的向心力和凝聚力。

當一名受下屬擁戴的上司，就需要在成功塑造自我品格的同時，做到面對下屬，溫和不擺架子，徹底清除高高在上的官本位意識。

張子楠因為工作業績突出，被晉升為分公司經理，在上任時的歡迎酒會上，張子楠既不喝酒又不善辭令，與下屬們幾乎沒有什麼交流。

因此，下屬們都認為這位新上司高傲不易相處，愛擺官架子。想到這裡，大家心裡不免都擔心起來，覺得以後的日子會很不好過。

張子楠正式上任後，下屬們都對他敬而遠之，在工作上也不是很配合這位新上司，導致張子楠的工作陷入了孤立被動的境地。

元旦時，公司舉辦了一場元旦晚會。在晚會上，張子楠出乎意料地獻唱了一首歌，贏得了滿堂喝彩，張子楠這一舉止，迅速拉近了與下屬們的距離。不僅如此，張子楠還主動與下屬們討論回家過年的事情。

在熱烈的討論中，有一位下屬突然對張子楠說：「張經理，平常看你總板著個臉，一副不苟言笑的樣子，還以為你是一個愛擺官架子的人呢！現在才發現，原來你挺溫和、挺平易近人的嘛！」

張子楠聽了下屬的話後，這才恍然大悟，意識到自己這幾個月來，工作進展之所以如此艱難的原因所在。

從那以後，張子楠在工作中，非常注意自己的言行舉止。與下屬見面也不再面無表情，而是微笑著主動與他們打招呼。

慢慢地，下屬們都看到了這位新上司溫和體貼的一面，其往日的官架子也已蕩然無存。因此，下屬們與張子楠的交流也隨之多了起來，工作上也開始積極配合他，張子楠的工作開展起來也越來越順利。

此後不久，張子楠又舉辦一些業餘活動，經常召集下屬們一起打球、唱歌、做娛樂活動等等。這為張子楠贏得了更多的「民心」，下屬們都樂意和他親近，有事都喜歡跟他談談。至此，張子楠完成了從過去「高高在上」的形象，到如今親民形象的華麗變身。

在張子楠的管理領導下，分公司的業績蒸蒸日上，因此，張子楠也被提拔為總公司的總監。升為總監後，張子楠繼續貫徹自己的「親民政策」。

在年底的酒會上，為了讓大家釋放壓力，玩得更盡興，主持人臨時想出了一個惡作劇環節，就是在某個員工不防備的情況下，將對方抛到游泳池中。

董事長同意主持人的提議，並徵詢張子楠的意見。

張子楠聽後，並沒有立即做出回應，而是轉過身對員工說：「主持人太壞了，竟然讓我這個名副其實的旱鴨子下游泳池游泳，真是……」話還沒完，張子楠就假裝腳下一滑，跌進了游泳池，引來在場的員工哈哈大笑。

事後，董事長問起張子楠：「你完全可以找一個下屬去表演，為什麼非得自己這樣做呢？」張子楠笑著回答道：「如果捉弄下屬，而自己卻高高在上，擺著一副官架子，那會讓下屬很不是滋味，也會讓自己失去民心。」張子楠的話，讓董事長大有感觸，也明白了體恤下屬的重要性。

從張子楠的經歷中，我們不難看出，在職場中，那些高高在上、愛擺官架子的上司，往往得不到下屬的尊敬和擁戴，相反，那些面對下屬溫和不擺架子的上司，卻往往能得到下屬的擁護和支持。

一位優秀的上司，絕對不是靠著自己的高職位來壓人，更不是倚仗手握的權力來管人，而是憑藉自身所擁有的魅力去吸引下屬，讓下屬主動向自己靠過來，發自內心地服從自己的管理領導。

這裡所說的魅力，是一位出色的領導者，所必須具備的獨特個人魅力（溫和不擺架子，僅僅只是其中一方面），缺少這一點，便很難讓自己的下屬心服口服。

想要成為一位有口皆碑的好上司，朋友們就應該首先提高自身素質，為自己的下屬，創造一個良好的工作環境，這樣才能吸引有所作為的下屬，跟隨自己共同奮鬥。

那麼，身為上司的朋友們，應該如何來提高自身的魅力呢？

1、尊重下屬，溫和不擺架子

現在很多管理者都存在這樣一種心理：如今的大學生遍地都是，隨便一抓就是一大把，因此，根本不用愁公司招不到人，也沒必要對下屬那麼客氣。

這種想法顯然是不明智的。

請試想一下，在這個競爭激烈且浮躁的社會，人才確實不少，但是真心誠意為自己做事的，又有幾個呢？

高高在上、目中無人的態度，只能讓下屬對你避而遠之，更別說配合你努力工作了。所以說，如果想讓下屬支持你的工作，甚至是加倍為你工作，對你忠心耿耿、死心塌地，你就必須放下官架子，尊重你的下屬。

尊重是相互的，你如果不尊重你的下屬，那你自然也得不到下屬的尊重。

同樣，你如果沒有重視人才的意識，那你自然也得不到人才的青睞，而一個沒有人才的團隊，又有什麼發展可言呢？

由此可見，上司必須要放下官架子，尊重下屬、尊重人才，在實際工作中樹立禮賢下士的形象，才能吸引大批優秀的下屬，讓下屬臣服於自己。

2、有全局觀，能從大局的利益出發

做為上司，如果在工作中，總是只考慮自己的利益，鼠目寸光，那就不可能得到團體成員的認可，更不可能在下屬心目中樹立權威。

所以，想要成為一名出色人人愛戴的上司，朋友們就要著眼於大局的利益，學會設身處地地為下屬著想，這樣才能得到下屬的信任和認可。

3、努力學習，提升自身的能力

職場中，流行這樣一句話：「一隻綿羊帶領一群獅子，敵不過一隻獅子帶領的一群綿羊。」從這句話中，我們可以看出，一個領導者對於一個團隊組織的影響是非常重要的。如果僅僅只是溫和不擺架子，卻沒有實際的能力，那也不可能贏得下屬的信服，更不可能在下屬心目中樹立權威。

有句俗話也說：「打鐵先要自身硬。」上司的自身素質，直接影響下屬的積極性，影響公司的發展。所以，身為上司的朋友們，必須重視提高自身的素質，努力提高自己的專業知識，打造自身的實力，只有這樣才能贏得下屬的信服，獲得下屬的信任和擁戴。

4、擁有一顆大度包容的心

任何一位上司，都要面對一個能否容人的問題。在實際工作中，上司們應該在用人方面更有雅量，因為用人的時候，不是看誰讓你覺得不爽，誰跟你合拍，而是看誰的能力更強，誰是你最需要的人才。

此外，領導是否有容人氣量的另一個表現是：能否重用比自己能力強的人，能否接受不同意見的人。

【掩卷深思】

想要成爲一位出色的上司，朋友們就必須要展現自己做爲領導者的人格魅力，畢竟「得民心者得天下」是永恆不變的古訓，應銘記於心。

7 聰明應付同事的嫉妒

著名的哲學家羅素，曾在自己的著作《幸福之路．嫉妒篇》裡這樣說道：「嫉妒，可以說是人類最普遍的、最根深蒂固的一種情感。」做為七宗罪裡的其中一項罪行，嫉妒是每個人身上或多或少都會存在的心理，尤其是在當今競爭空前激烈的職場環境裡，嫉妒心更是甚囂塵上。很多人都這樣認為，自己無法辦成的事情，最好別人也辦不到，自己無法擁有的東西，最好別人也不要擁有。

劉玉婷和王雪華是同一天來公司報到的。兩個人一起培訓，一起吃飯，還被分配到了同一個部門。因此，在部門裡，兩個人最先熟識，關係也比較親近。

在工作上，劉玉婷和王雪華都表現得非常積極上進，出現什麼問題，兩個人也會相互幫助，共同解決。沒過多久，兩個人便在新人中脫穎而出，經常受到主管的表揚。

由於王雪華性格比較外向開朗，和同事們很快就打成了一片，大家有什麼好東西也都喜歡和王雪華一起分享。在主管面前，王雪華也比較會說話，更得主管的賞識。

劉玉婷看到王雪華在部門很出風頭，心裡非常不是滋味，有時候這種情緒還會表現出來，讓王雪華覺得非常莫名其妙。

在年底的部門晉升中，王雪華由於表現突出，被經理升職為部門主管，成為劉玉婷的直屬上司。

對此，劉玉婷憤憤不平：我和她一起來部門的，資歷差不多，工作表現也差不多，憑什麼得到晉升的是她不是我？

看著王雪華有了自己私人的辦公室，和自己的距離越拉越大，劉玉婷妒火中燒，於是開始故意疏遠王雪華，並在同事面前說王雪華的壞話，挑撥離間，還捏造事實，四處散播謠言說王雪華和經理有一腿。這樣一傳十、十傳百，公司同事都在私底下議論王雪華和經理的事。部門同事們也對王雪華越來越冷淡，甚至還用鄙夷地眼神瞪著她。

時間一長，王雪華實在忍受不了流言蜚語的打擊，最終提出辭職申請。

從王雪華的遭遇中，我們不得不承認「辦公室盛產嫉妒心」這句話是千真萬確的。現實生活裡，像劉玉婷這樣身患「職場嫉妒症」的人不在少數，這類人總是看不得其他同事比自己出色，只要看見同事有超過自己之處，就會想方設法地去貶低、詆毀對方，嚴重的，甚至會處心積慮地設計陷阱去坑害對方，看到對方遭殃，心裡就竊喜不已。

的確，在職場中，如果你是一個能力突出、資質優秀的人，你必然會時常在身邊嗅到嫉妒的味道：同事甲可能會嫉妒你的職位比他高；同事乙也許會嫉妒你傑出的工作能力；同事丙則會嫉妒你受老闆的賞識……

同事的這些嫉妒，可能並不會給你帶來直接的危害，但是卻會在潛移默化中給你帶來消極、負面的影響。對此，我們該怎麼辦呢？

事實上，在遭人嫉妒時，朋友們大可不必像王雪華那樣憂心忡忡，更不值得因此而影響自己的發展前途。應該學會用巧妙的方法，去化解對方的嫉妒心理，具體方法如下：

1、主動向同事示弱

在部門的幾個人中，江松榮是入職時間最晚的一位員工。

在之前的工作中，江松榮和其他同事相處得都還不錯，但是最近，江松榮發現同事們都開始漸漸疏遠他，本來幾個同事聚在一起有說有笑，可是一看到江松榮走過來就會停止說笑，個個都板著臉。上下班時，江松榮主動向其他同事打招呼，同事們也裝作沒聽見，不搭理他，對此，江松榮覺得非常納悶，搞不懂自己在什麼地方得罪他們了。

在多方打聽下，江松榮才知道，原來前段時間公司調整薪資，雖然江松榮是部門入職時間最晚的，但卻是部門員工中加薪最多的。因此，同事們心裡都很嫉妒江松榮，從而故意疏遠孤立他。

經過再三思慮後，江松榮並沒有迴避自己薪資調高的事實，而是以自己薪水加得多為理由，請同事們去高檔餐廳吃一頓。

在飯桌上，江松榮端起酒杯站起來，當著所有同事們的面，深深地鞠了一躬，主動示弱地說：「我知道自己學歷不高，工作經驗也少，能力有限，能有今天的成績，全都是在你們的幫助下取得的。我喜歡我們這個團隊，我也喜歡你們這些好同事，希望大家繼續幫助我，我敬各位一杯！」

在此後的工作中，江松榮特別注意自己的工作方式，總是找一些不如同事的地方，主動請教同事，向同事示弱，讓同事的關注點更多地放在這一方面。時間長了，同事們的態度也明顯發生了變化，對江松榮的態度也有所好轉。

孔老夫子曾說過這樣一句話：「聰明聖智，守之以愚；功被天下，守之以讓；勇氣撫世，守之以情；富有四海，守之以謙。」在競爭激烈的職場中，想要把自己經營成好品牌，你就應時刻注意反省自己，不要因為出色的能力或者優勢，而表露出驕傲的情緒，關鍵時刻要放低自己的姿態，學會主動示弱，這麼做會讓同事的失衡心理變得平衡，從而消除同事的嫉妒心理。

2、懂得與同事一起分享美麗

這一點主要是針對女性朋友來說的。有句俗話說：「男人妒才，女人妒色。」一般來說，一個女人的外在美貌，是最容易引起同性嫉妒的，在辦公室也不例外，女人很難容忍同性同事，因為美貌而成為辦公室的焦點。

為了給同事們留下良好的印象，王采琴在入職的第一天特意打扮了一番，化了一個漂亮的職業妝，穿了一條漂亮的連身裙，顯得光彩奪目。

王采琴本以為這樣的自己，一定可以留給同事一個好印象，並且會很快地融入新的工作環境，但是讓王采琴萬萬沒想到的是，公司裡的女同事對她都很冷淡，沒有一個願意主動搭理她的，似乎對她的到來懷有敵意，倒是幾個男同事比較熱情，樂於和她接近。

王采琴對此百思不得其解，請教了一個有多年職場經驗的朋友，朋友為她獻了一計，讓王采琴照做。

第二天上班的時候，王采琴主動和女同事們，探討穿衣搭配的技巧以及美容的方法等等，並且與女同事們分享了自己的美容、穿衣心得。

朋友出的這一招，還確實有了明顯的成效，很快地，王采琴就成了辦公室裡最受歡迎的人。

王采琴的經歷驗證了「女人妒色」這句話的真實性，但不可否認的是，與此同時，女人們更渴望自己變得漂亮。因此，女性朋友們，當妳的同性同事嫉妒妳的美時，不妨試著將自己的美麗心得傳授給對方。這樣一來，就會在一定程度上，化解同事們的嫉妒之情，而妳的魅力也會因為分享而更加耀眼。

3、與同事進行及時、積極的溝通

李明賢在一家外資企業工作，他成熟穩重、能力過人，頗得上司青睞和賞識。

因此，部門裡的幾個同事都有些嫉妒李明賢，刻意排擠他，在工作上也處處為難他，甚至還會在背地裡給他設置障礙。

慢慢地，李明賢也察覺出同事對自己不友好的態度。為了不讓同事這種負面情緒，影響自己事業的發展，李明賢更加努力地工作，他還親自製作了一份報告，報告裡面陳述了他對公司發展的諸多建設性意見，以及對自身優缺點的詳細分析。

隨後，李明賢又找到部門裡那幾個同事開誠佈公，誠懇地深談了一番，表示希望能和大家齊心協力、相互督促、共謀發展，將部門辦得越來越好。

李明賢這種與同事進行及時、積極溝通的做法，獲得了顯著的效果，不僅同事們對他另眼相待，而且老闆聽說後，也對他的評價更高了。

在職場中，對一個能力卓越、出類拔萃的人來說，與同事進行及時、積極的溝通，是巧妙化解來自同事無謂的嫉妒的有效方法，做到了這一點，才能遊刃有餘地在職場生存。

就像李明賢，他懂得及時有效地溝通，讓其他同事瞭解自己，明白自己的真實想法，從而有效地化解了彼此之間的矛盾與問題。否則，當問題和情緒越積越深時，就越難以化解、疏通。

【掩卷深思】

身在職場，就應學會善待同事們的嫉妒，多一份大度，多一份寬容，以諒解之心去感化那些心胸狹隘的同事的嫉妒之心，讓他們從內心肯定你的付出和收穫，從而盡量減少因嫉妒而滋生的矛盾。

8 遠離八卦，莫在辦公室多嘴多舌

做為現代的職場中人，每天的大部分時間都在辦公室裡度過，與同事之間的溝通自然也在所難免，在工作之餘，甚至還有機會聊聊工作之外的事情。

這樣做本無可厚非，但是做為閒話的滋生地，辦公室這個利益交織的特定場所，很可能成為葬送你職場前途的禍源地。

所以，你一定要謹記「病從口入，禍從口出」這句話，遠離八卦，莫在辦公室多嘴多舌。否則，一不留神，你就很有可能掉進辦公室政治的漩渦，輕則惹同事、上司反感，痛失升職加薪的機會，重則可能直接被「炒魷魚」。

范麗萍因為能力突出，被一家外資企業應徵為銷售總監。入職的那一天，趙曼君恰巧去外地出差。

回來上班的第一天，趙曼君就去拜訪新上司，一見是大學的同班同學，趙曼君抑制不住內心的衝動，一把衝上去抱住了范麗萍，並且不顧場合地尖叫道：「哇塞，原來妳就是新上任的銷售總監啊，哈哈，太好啦！」范麗萍在驚訝之餘，被趙曼君的舉動弄得不知所措，難掩尷尬之情。

得知頂頭上司是自己的熟人後，趙曼君竟然激動了一整天，怎麼也無法平靜下來，她到處宣揚她和范麗萍大學時是怎樣的交情。一向大大咧咧又處於興奮狀態的張曼君，更是口無遮攔地將當年范麗萍怎麼大膽追求班上的班長，以及考試作弊的事情都抖落了出來，引來同事們的一陣哄笑以及竊竊私語。而這些都被辦公室裡的范麗萍看在眼裡。

同事們都極其羨慕地對趙曼君說：「曼君妳真幸運啊，有這麼一個老同學當妳上司，為妳撐腰，年底百分之百能升職加薪了。」趙曼君聽後，雖然表面上不露聲色，但是心裡卻早已樂開懷了。

然而，事實並沒有像趙曼君所想的那樣發展。范麗萍對她似乎刻意保持著一定的距離，和似有似無的淡漠，有時候，趙曼君想請這位老同學一起吃頓飯聊聊天，范麗萍都會以工作太忙、另外有約等各種理由來推託。

在工作上，趙曼君也沒有享受到任何優待，常常很晚才拿到相關資料，以致於不得不加班才能完成工作。

不僅如此，范麗萍還經常找那些和趙曼君關係較好的同事談話，千方百計地想套出趙曼君跟她們的說話內容，而同事們也從中看出范麗萍對張曼君有成見，紛紛與趙曼君劃清界限。

這讓趙曼君極為氣憤，她非常不理解范麗萍這位老同學為什麼會這麼對自己，便在同事之間說風涼話：「以為自己當了個總監就了不起了啊！對老同學愛理不理的，直接翻臉不認人，這樣的人太差勁了！」

趙曼君的話，很快就傳到了范麗萍的耳中，可想而知，范麗萍對張曼君的意見更大了，而這對趙曼君今後的工作，也帶來了非常不利的影響。

所謂「當局者迷，旁觀者清」，趙曼君一味地埋怨老同學的薄情，卻完全沒有意識到，所有的一切，都是自己這張「大嘴巴」惹出來的。

對范麗萍來說，遇到對自己的過去一清二楚的下屬，本來就是一件非常尷尬的事情。可是這個人偏偏還是個「大嘴巴」，喜歡在辦公室討論和自己有關的八卦，這放在誰身上都是一件令人不悅的事情。所以，從某種程度上看，趙曼君沒被炒魷魚已經是很幸運了。

為了不讓這樣的遭遇在自己身上發生，朋友們一定要遠離八卦，切不可在辦公室多嘴多舌。那麼，在辦公室裡，到底哪些是說不得的禁忌話題呢？

這裡，我們不妨一起來學一學如何避開「雷區」。

1、私人問題

生活中遇到不如意、不順心的事情時，我們總想找個人倒倒「苦水」，這本是無可厚非的，但是一定要找個合適恰當的場合和傾訴對象。

切忌將「苦水」倒到辦公室，影響自己及他人的工作不說，萬一一不小心和同事說漏了嘴，被對方抓住把柄，就很有可能成為今後對方攻擊你的「武器」，相當於你在自己的職業生涯中，埋下了一顆定時炸彈。

不僅如此，將私人問題帶進辦公室，本身就會讓人厭惡，既顯得你不夠敬業，又會讓他人覺得一個連自己生活都管理不好的人，很難將工作做到位。

2、公司裡的人和事

很多朋友都存在有這樣一個癖好：喜歡在辦公區域談論公司裡的人和事，說一些類似「你知道嗎？我昨天加班時，聽總監和人事部經理在談升職加薪的候選人，好像沒有提到你呢！會不會……」、「哎！你有沒有感覺某某和某某關係不太正常啊！我聽說……」這樣的話題。

這種做法顯然是不明智的，這不僅僅是工作中的禁忌，更是個人修養的問題，對人對己都是不利的。

3、自己的職業規劃

職業規劃屬於非常私人化的事情，應該謹記在內心，努力去實現，而不是拿到辦公室四處宣揚。否則會讓他人覺得你野心勃勃，易在無形中給自己樹立競爭對手。如果光說不行動，還容易讓人覺得你愛吹噓，不切實際。要是一不小心，這樣的話傳到上司耳朵裡，還會讓上司覺得你是一個不可靠的員工，不利於你職場上的發展。

【掩卷深思】

交淺言深是人際交往中的一大忌諱，尤其是在人心叵測的職場江湖，更應該管好自己那張容易「闖禍」的嘴，多做事、少說話。如果你生來話多，那也要事先弄清楚，辦公室裡哪些話該說，哪些話不該說，切忌在辦公室多嘴多舌，談及個人隱私或者公司同事的話題。

9 拒絕不合理要求，學會說「NO」的藝術

相信在職場生活中，各位朋友都會遇到上司給自己下達任務，或者同事請求自己幫忙的情況，如果對方提出的要求是自己力所能及的事情，當然應該盡最大的努力，但是當對方提出的要求，已然超出自己的能力範圍時，各位朋友又會如何做呢？

是拒絕對方，還是硬著頭皮、咬著牙接下這個「燙手山芋」？如果選擇前者，那勢必會挫傷對方的自尊心，影響雙方的關係，要是拒絕的方式過於生硬，沒有把握好，還有可能讓對方對你懷恨在心，產生「以牙還牙」的心理，總是想著伺機報復；如果選擇後者，勉為其難地接手這個「不可能完成的任務」，就會在無形之中，增加自己的壓力和心理負擔，這不僅是自討苦吃的愚蠢行為，而且最終也會因為未能達成對方所願而導致對方不滿，耽誤了自己和對方的時間不說，還可能使自己的聲譽和形象受到損害。

葉時雨是一家外貿公司的業務部主管，工作一直都很穩定，收入和待遇也非常不錯，但是最近受到經濟危機的影響和波及，葉時雨所在的公司，也陷入舉步維艱的尷尬境地。

因為業務發展的需要，公司經常有上級部門，或者客戶過來回訪，做為業務部主管，葉時雨也經常被叫去陪上司一起吃飯，應酬客戶。如果僅僅只是應酬吃飯，那還屬於情理之中的事情，但是令葉時雨感到苦惱的是，每次吃完飯之後，還必須要陪客戶唱歌。

對此，葉時雨內心感到非常反感，丈夫也十分不悅。於是，以後再有這樣的情況，葉時雨便推託自己身體不舒服，或者有其他重要的事情，但是這種藉口也只是緩兵之計而已，如果每次都說自己有病，或者有重要的事情，誰都會產生懷疑。這讓葉時雨左右為難，去的話，自己不高興，丈夫也會不愉快；不去的話，上司和客戶會不高興。葉時雨陷入進退兩難的境地……

在職場中，和葉時雨有過類似遭遇的朋友不在少數，對於上司主管提出的不合理要求，儘管心裡有一百個不情願，但總是礙於情面，出於這樣那樣的考量而難以開口拒絕。這種感受，簡直就是痛苦的煎熬。

如果拒絕，可能會因為不恰當的語言表達而後患無窮，如果忍氣吞聲、硬著頭皮接受，則很有可能導致惡性循環。這著實讓身在職場的朋友感到頭痛。

尤其對那種典型的「好好先生」來說，開口拒絕他人，更是難於上青天的事情。而這麼硬扛著的結果往往是「啞巴吃黃蓮，有苦說不出」。

趙任明是個熱心腸、樂於助人的人，同事找他幫忙辦事，他覺得是同事看得起自己，因此，他總是很爽快地應允下來，從來沒有說過半個「不」字。最近，客戶突然要看趙任明手頭上的一個企劃案，按照趙任明以往的經驗，加一晚上班就應該可以做出來。

就在這時候，平時與自己關係不錯的同事李志磊，要求趙任明幫他看看企劃案，提點意見，並約趙任明一起吃飯詳談。趙任明本來不太想去，但是禁不起李志磊的再三請求，結果還是去了，這一折騰一直到大半夜。

最後，迷迷糊糊地熬到早上，趙任明才草草把自己的企劃案弄完。由於時間過於倉促，企劃案製作得極為粗糙，最終未能通過。上司把趙任明狠狠地罵了一頓，還說如果公司因此利益受損就要嚴重處罰他，趙任明的心裡委屈極了。

現實生活中，像趙任明這樣的「好好先生」並不少見，因為不懂得拒絕，未能領會說「NO」的藝術，最終只能落得「打落牙齒往肚裡吞」的悲慘下場。

看到這裡，有些朋友不禁仰天長問：「難道就沒有一個折衷的辦法，既能輕鬆地拒絕對方的不合理要求，又不致傷了雙方的和氣嗎？」當然有，那就是學會說「NO」的藝術。只要懂得了說「NO」的技巧，那一直以來困擾各位朋友的煩惱也就迎刃而解了。

那麼，在職場中，到底應該如何做，才能有效拒絕不合理要求，掌握說「NO」的藝術呢？

不妨看看以下幾招：

1、顧及對方的自尊心，無論如何都要耐心地聽完對方的請求

每個人都會有自尊心，當你的同事向你提出要求時，他們心中也在想：他會不會答應？對此，他們同樣充滿了困惑和不安，擔心會遭到你的拒絕，在你面前下不了臺。

所以，當他們向你提出請求時，千萬不要還沒等對方說完就冷冰冰地拒絕，這樣無疑會傷害對方的自尊心，引起對方的反感甚至記恨，嚴重影響雙方的感情。

正確的做法，應該是首先要注意傾聽同事的請求，詳細瞭解對方的處境與需要，看看自己是否能夠幫助對方。如果同事的要求，已經超出了自己的能力範圍時，那麼在耐心地聽完對方的講述之後，你應該先說一些關心或者同情的話，表示你瞭解他的處境和難處。

這樣做的好處是，就算無法幫助對方，也能讓對方感受到你對他的尊重，不致使對方的自尊心受到嚴重的傷害，你與對方的心理距離，也就在無形之中拉近了，為接下來的拒絕工作做好了鋪墊。

表達完對對方的關切之情後，應立即說明自己無法提供幫助的原因，注意態度一定要誠懇，畢竟拒絕他人的請求，是一件令人不悅、失落的事情。一旦贏得對方的理解，困擾也會隨之消除。

如果你是因為工作任務太多而拒絕對方，那麼耐心傾聽會讓你有一個清醒的認識，即同事的要求是不是你分內的工作，或者這個幫助是否是在目前重點工作範圍之內。或許經過仔細傾聽，你會發現幫助同事，有利於提升自己的工作能力，那麼你不妨犧牲一點休息或者娛樂的時間來幫助對方。

如果確實無法幫助對方，那也可以給同事提出一些比較好的建議，或者介紹其他能夠給予幫助的人。這樣的話，同事不但不會埋怨你，反而會從心底感激你。

2、以對方的利益為理由，間接拒絕對方的請求

相對於其他拒絕方式來說，從對方利益出發，以對方利益為理由，進行間接拒絕，這種拒絕方式更能打動對方。

比如同事要求你幫他在一個極短的期限內，完成一件緊急的事情，面對這種情況，與其向對方大倒苦水，一而再、再而三地重複自己愛莫能助的理由，還不如換一個角度，從對方利益出發，以對方利益為理由來說服對方，讓對方明白倉促行事會得不償失。

這樣，同事不但不會再勉強你，也不會懷疑你的拒絕是別有用心，反而還會覺得你在處處為他著想，繼而對你感激不盡，更加信任你。

3、拒絕的語氣要溫和委婉，且一定要堅決明確

拒絕他人時，語氣要盡量溫和委婉。生硬冷淡的語氣或者歇斯底里、撕破臉的樣子，不僅會讓對方

感到非常難堪，使對方的自尊心受挫，而且還會使對方產生不滿的情緒，甚至對你懷恨在心。這就好比同樣是難以下嚥的苦藥，但有些藥在表面裹上了一層糖衣，便比較容易入口。同理，溫和委婉地表達拒絕的意思，也比直來直往地說「NO」更容易讓人接受。

所以，在拒絕同事的請求時，朋友們一定要採取委婉的方式，語氣要盡量溫和，含蓄地表達拒絕的意思，最好讓對方感覺到你的拒絕是出於無奈，而且你對此深感遺憾。

需要注意的是，這種溫和委婉的拒絕方式，需要把握好一個度，不要因為過分擔心對方的感受，而將自己拒絕的意思，表達得含糊不清，這樣不僅會讓對方誤以為還有討價還價的餘地，而且還會給你帶來更多不必要的麻煩。

針對這種情況，朋友們一定要格外注意，在溫和委婉地拒絕同事的同時，還要明確、堅定自己拒絕的態度，徹底打消對方的僥倖心理。

比如，同事向你提出的要求，違反了公司規定，你就要以委婉的方式向同事表達你的工作許可權，讓他知道你的處境，一旦幫了他這個忙，你便可能受到「牽連」。

在你的工作已經排滿日程表，實在抽不出時間幫忙時，一定要讓同事清楚你工作的主次，不能因為幫他這個忙，而讓自己的工作受到影響。

一般情況下，同事瞭解了你的具體處境後，也不會再勉強你，並且也不會對你產生不滿。

4、拒絕後的關懷必不可少

拒絕完同事後，並不意味著萬事大吉，想要讓自己的拒絕更有人情味，你還應該在拒絕後，不時地問候對方，瞭解同事的處境和事情的進展，予以適度的關懷。

這樣做可以讓同事明白，你並不是不想幫他，而是確實出於無奈無能為力，如此一來，你的同事也會漸漸體諒你的苦衷和立場，而當初「拒絕風波」引起的不愉快和尷尬，也會煙消雲散。

除了以上需要遵循的幾點外，想要把自己經營成好品牌的朋友們，還可以透過話題轉換、肢體語言暗示等方法，來拒絕同事的請求。當然，在拒絕的過程中，最重要的是你所付出的耐性、關懷和真誠，掌握了這些，你也便學會了說「NO」的藝術。

【掩卷深思】

有位生活的智者曾說過這樣一句話：「生活的藝術是學會說『不』。」的確，現實生活中，難免會遇到需要說「不」，拒絕他人的情況，尤其在職場中，遭遇不合理要求的情況，更是時有發生。這個時候，如果深諳說「NO」的藝術，懂得委婉拒絕他人，就會化解很多不必要的矛盾。

10 讓自己成為不可替代的那個人

十九世紀中葉，德國偉大的農學家列比格發現，在植物生長的過程中，有一個奇怪的規律，也就是「短缺元素」規律，是說在植物生長的特定時期，常常會缺少特定的某種元素，就算增加再多的其他元素，也無法替代它的作用，甚至會背道而馳，對植物生長產生抑制作用，而一旦有了這種元素，植物就能夠快速成長。這種元素就是「短缺元素」，列比格還給這種元素取了另一個生動的名字，叫「不可替代」元素。

植物如此，人類亦是如此。尤其在競爭激烈的職場中，如果你沒有自己的核心競爭力，沒有老闆需要的核心技能，沒有成為老闆心中不可替代的員工的資本，就會有被淘汰的危險。而一旦你擁有自己獨特的技能和卓越的能力，你就會變得不可替代，並且成為老闆離不開的人，這時，你想不得到老闆的重視都難。

的確，讓自己成為「不可替代」的元素，把自己經營成好品牌，你自然就可以在變化莫測的職場上成為「搶手貨」。

安妮是一家對外貿易公司的打字員，工作內容包括輸入、修改和編輯。因為清楚自己除了打字以外，幾乎沒有什麼其他特別的專長，所以安妮一直非常努力地工作，所有的精力都傾注在了自己的職位上。

就這樣兢兢業業地工作了好幾年，安妮的打字速度飛速提升，在公司已經無人能敵，每次分配的任務，她都能按時按量認真完成。

經她編輯修改的文件，從來不需要第二次審閱修改，平時其他打字員的稿件，也都由她來負責檢查，在她的監督檢查下，公司文件幾乎沒出過錯。

儘管安妮的工作表現突出，但是因為她性格內向，不善交際表現，所以幾年下來，安妮一直默默無聞，既沒有得到升職也沒有加薪，最終，安妮決定另謀出路。

安妮辭職後，公司又僱傭一個新的打字員。

新來的打字員，打字速度和敬業精神，遠遠比不上安妮，不僅如此，這位新來的打字員還經常拖延犯錯，給公司造成了一定的損失，引起了混亂。

為此，老闆在無奈之下，又招募一個打字員，原來安妮一個人就能完成的工作，現在卻不得不用兩個人才能完成，這不但增加了公司的財務負擔，而且兩個人的工作效率，還不及安妮一個人的工作效率。

這時，老闆才注意到自己犯了一個多麼大的錯誤，這才意識到安妮的價值以及她對公司的重要性。

於是，老闆二話不說撥通了安妮的電話，邀請她重回公司，並做出了升職加薪的承諾。

最終，安妮又再次回到了工作多年的公司，擔任行政主管的職位，薪資在原來的基礎上翻了兩倍。

從安妮的親身經歷中，我們可以總結出這樣一個道理：不管職位大小（就算只是一個小小的打字員），只要專注努力，樹立起自己獨有的品牌，擁有卓越的專業技能，就能夠成為老闆心中不可替代的優秀員工。

那麼，在職場生活中，應該怎麼做才能讓自己成為不可替代的那個人呢？

有以下幾點：

1、有針對性地剖析自己

曾有一位職業顧問公司的 CEO 這樣來劃分公司的員工：人財、人才、人材、人在、人災。

人財，顧名思義是指能直接為公司、社會創造財富的人，是企業之間競相爭奪的對象。

人才，是指在某些領域有特殊才能的人，是企業要留住的人。

人材，是指有發展潛力和培養潛力的人，是企業準備培養的對象。

人在，是對公司來說可有可無的一類人，是即將被淘汰的人。

人災，則是指會給公司帶來災難和損失的人，必定是公司要開除的人。

對照以上的標準，朋友們不妨有針對性地來剖析一下自己，看看自己到底屬於哪類員工呢？在剖析的過程中，你可以試著問問自己以下幾個問題：

（1）我現在所選擇的職業道路是否正確？是否適合自己？

（2）我是否認真仔細地關注過自己工作的細節，是否做到盡善盡美？

（3）我的目的是否是為公司創造更多更大的價值？我是否在努力透過各種途徑來實現這個目標？

在回答以上問題的時候，如果你有所猶豫，那說明你並沒有發揮出自己應有的水準，既沒有比別人做得更好，也沒有超越他人。這也就是你尚未成為「不可替代」的那個人的原因。只有在明確堅定了以上問題的答案後，你才能在職場中走得更快更遠。

2、提升自身的核心競爭力

一個生命力強盛的企業，必定有超越於其他企業的核心競爭力，如果沒有，就很難在激烈的競爭中站穩腳跟，佔據市場份額，並且隨時都可能面臨危機。同樣，一個員工如果沒有自己的核心競爭力，就會有被淘汰的危險。

所謂核心競爭力，是一種綜合的能力，它不僅包括一個人的工作技能，而且還包括一個人的創新、學習、組織、人際交往、溝通表達等能力。

具備了這些核心能力，你就會成為職場中不可替代的那個人。

在衡量自己是否是公司的核心力量這個問題上，有很多的標準，但最根本的是自己能否為公司創造價值，以及創造讓公司壯大的價值，是物有所值、物超所值還是物低所值？

要知道，公司不是福利院，不會無償提供給你生存的條件，你只有為公司創造價值，才有留任下去的可能。

3、學會揚長避短

在這個世界上，沒有人是十全十美的，每個人都會存在或多或少的缺點和短處。

在職場中也是一樣，沒有人能做到在任何領域都是精英。

什麼都懂，其實相當於什麼都不懂。因為精力過於分散，致使在哪一方面都不夠精通，自然不可能成為某一方面的精英，也難以擔當重要的工作。

曾有一位成功人士說過這樣一句話：「如果你在某一行堅持做十年，那麼十年之後，你就會成為這個行業的精英。」

由此可見，想要把自己經營成好品牌，就要學會揚長避短，集中精力去挖掘、發現、經營、發展、提升自己的優點和長處，在自己所擅長的領域裡做到卓越，讓自己成為不可替代的那個人。

【掩卷深思】

天下熙熙，皆為利來；天下攘攘，皆為利往。對統領全軍的統帥來說，最得力的助手，當然是他手下的幾名得力戰將。損失一名小卒，可能無關痛癢，但是損失了一員大將，那就很可能輸掉整場戰役。小卒和戰將，孰輕孰重，一目了然。

職場如戰場，同樣的工作，如果你比其他同事效率高、創利多，那你自然就會得到主管的賞識，成為主管眼中「不可替代」的大將，當公司面臨裁員問題時，主管必然會保住你，捨棄其他可有可無的員工。所以，想要在激烈的職場競爭中，擁有自己的立足之地，就必須要讓自己成為不可替代的那個人。

11 要實幹，也要懂得表現自己

職場上有這樣一種人，他們埋頭苦幹，辛勤耕耘，他們很少說話，給人「悶葫蘆」的感覺。對於這種人，有些人會認為他們有真材實幹，還有一些人則會笑他們是「老黃牛」。

先前，很多人推崇「老黃牛」的精神，因為這種人雖然不懂得表現自己，但是有實幹精神。然而在當今這個競爭激烈、人心浮躁的社會，很少有人甘願做「老黃牛」。因為「潛伏」的時間久了，很容易在變化多端的職場上被人遺忘。

有一匹千里馬，雖然身材非常瘦小，但是動作卻極其矯健，每天能行千里。

因為不善表現自己，並且身材又那麼瘦小，這匹千里馬在馬群中並不起眼，很少有人知道牠有與眾不同的奔跑能力。

買馬的人陸陸續續，一匹匹馬也相繼被挑走，最後只剩下這匹千里馬了。對此，千里馬一點都不著急，牠甚至在心裡暗暗嘲笑那些被選走的平庸之輩，對那些買馬的人也不屑一顧，牠認為他們都是目光短淺之輩，根本不配做自己的伯樂，牠想如果就在這裡靜靜地等待，總會遇到自己的那個伯樂的。

但是，情況並沒有牠想像得那麼樂觀，馬場的主人見千里馬一直都無人問津，漸漸地也對牠失去了信心，給牠的草料也越來越差。然而，千里馬還是信心滿滿。

終於有一天，千里馬的伯樂來了，一個男人在馬場周圍轉了好久，最後他來到了千里馬的身邊，千里馬心想：「這下終於等到機會了，這就是我的伯樂了。」

只見伯樂輕輕地拍了一下牠的背，示意牠跑跑看。對此，千里馬心裡非常不滿。牠憤憤地想：「這算什麼伯樂，如果是真正的伯樂，肯定一眼就能看出我是一匹良駒。這麼不信任我，還要我跑給他看，這樣的伯樂不要也罷。」千里馬沒有理會伯樂的要求，於是伯樂失望地離開了。

又有新的馬來了，很多人又陸續過來選馬，很多馬又陸續地被挑走。到最後，又只剩下這匹千里馬了。主人看牠已沒有什麼用處，只好將牠殺掉了。

現實生活中，總有一些人，像故事中的千里馬一樣，感嘆自己懷才不遇。其中，確實不乏有才能、優秀的人，他們之所以會發出這樣的感嘆，是因為他們都有一個致命的缺點，那就是不懂得表現自己或者羞於表現自己。

他們埋頭苦幹，習慣等待，習慣被別人發掘，總覺得「是金子終究會發光」。殊不知，金子埋藏得太深，很可能永遠都不會被發現。

所以，如果有伯樂站在你面前，你一定要抓住機會，表現一番，這樣才能讓他看出你有日行千里的才能。

職場也是如此，當你剛剛加入到一個企業，一定要穩住，在紮紮實實工作的同時，也要學著在主管面前表現自己，必要的時候還可以勇敢地毛遂自薦。

有一男一女，同時應徵到一家著名的報業集團做見習記者。

男生為人樸實誠懇，特別能幹。只要有新聞，無論大小，他都跟著「前輩」跑前跑後，經過一段時間的努力，他逐漸顯露出不可多得的才能。而平常在公司裡他也不會閒著，他主動擔當起辦公室勤雜工的工作，擦桌子、掃地、接電話、整理報紙，只要是他能想到的，他都一一包攬下來。因此，公司的同事都很喜歡他。

女生才華橫溢，獲獎無數，為人卻非常清高。這樣驕傲的女孩，自然也不會將一般人放在眼裡。她在辦公室裡不與任何人搭訕，也從來不跟「前輩」討教經驗。就連走路的時候都仰著臉孔，一副不可一世的樣子。平常工作的時候，也挑三揀四，讓她去採訪家常瑣事，她嫌太俗，跑體育新聞又提不起興趣。辦公室裡的工作就更不用提了，她自然從不插足。

試用期很快就過去了，結果不言而喻。可是那個女生始終也不明白為什麼走的人是自己，論能力，那個男孩絕對不如自己，為此，女孩困惑不已。

男孩能勝出，完全是因為他既懂得實幹，又懂得表現自己，這樣的人，到哪都是搶手貨，而女孩呢？儘管有能力，但是她不但不去表現自己，而且還目中無人，這樣的人，就算有一身才華也很難找到市場。

【掩卷深思】

俗話說：「勇猛的老鷹，通常都把牠們尖銳的嘴牙露在外面。」這句話很顯然是在激勵人們要懂得表現自己，是的，既然有聰明才智，就應大膽地展露出來，無需躲躲藏藏、遮遮掩掩，否則你很可能會因此而錯過你眞正的伯樂。

第七章

好品牌要有好的口碑

完善性格，讓身邊的人都對你豎起大拇指

EXCEL

1 好性格決定好命運

亞里斯多德曾說過這樣一句話：「持久不變的並不是財富而是人的性格。」做為陪伴人一生的內在特質，性格是持久不變的，這也就應了「江山易改，本性難移」這句話。而另一方面，英國哲學家培根又說：「性格決定命運。」可見，在人的一生中，性格發揮著重要，甚至是決定性的作用，再加上它的持久不變性，更顯得它無可替代。

性格之於人，就像鋼筋水泥之於建築物，欠缺了這一關鍵因素，人的一生就會受到很大的影響。在日常生活中，性格影響著一個人的各方面，比如生活品質、婚姻狀態、家庭氛圍、人際交往、職業升遷、事業發展等。

正所謂好性格可以決定好的命運，成就好的一生，壞性格也能夠毀掉人的一生。

所以，想要把自己經營成好品牌，朋友們首先就應該完善自身的性格。

一個人的性格越好，社交能力就會越強，人際關係就會越融洽，事業發展也會越順利。

一般來說，好性格主要表現在以下幾方面，朋友們可以有針對性地進行完善：

1、獨立性

在處理問題時，理智、穩重，能適當地聽取他人的合理建議，不推卸責任，勇於承擔自己的決定可能帶來的後果。

2、自制力

在生氣、憤怒時，能夠把握住尺度，克制住自己的情緒，不會讓自己失去理智。

3、博愛與包容

在生活中，會付出自己全部的愛，從愛自己的父母、伴侶、孩子、親戚、朋友中得到生活的樂趣。

當然，也能容納生活中的挫折。

4、前瞻性

在做計畫時，有頭腦，有前瞻性。即使眼前利益有誘惑力，也要做長遠的打算，甚至不惜放棄眼前利益。

5、工作態度

在工作態度上，意志比較堅定，不會想到一齣是一齣，就算需要「跳槽」，也會謹慎地全面考慮之後再做決定。

6、學習態度

在學習方面，會不斷地增長學識，廣泛地培養自己的興趣。

以上便是健康性格結構的特點。

具備了以上特點後，你也便擁有了良好的性格。

當然，在現實生活中，也有很多朋友並不完全具備以上的特點。但他們最終同樣獲得了成功。這主要是因為他們能正確地認識自己的性格，肯定、發揚自己的長處，努力改變自己的性格缺陷。

看到同事朵朵，把各種銷售獎項和業績獎金收入囊中時，春月非常羨慕，希望自己也能這麼成功。

大學畢業時，春月雖然知道自己有些自卑、羞怯，不太敢跟陌生人講話等性格缺陷，但看到銷售行業的「錢景」，春月還是當了某著名軟體公司的一名銷售員。

剛開始，春月充滿了幹勁，她每天都向同事們請教銷售技巧，並且買了很多銷售方面的書籍，來提高自己的銷售技巧和知識，希望透過自己的努力創造好的業績。

然而，由於性格的問題，春月在與客戶接觸方面，總是沒那麼有自信，導致客戶頻頻抱怨。這樣一來，春月變得越來越沒自信，往日的幹勁和動力也都喪失殆盡。

春月心想：現在該怎麼辦呢？

我確實努力了，也嘗試過了，但是自己的性格，確實不太適合銷售的工作，看來還是得另謀生路。

春月內心的變化被經理察覺了，他把春月叫到辦公室問道：「最近，妳的情緒非常低落，能告訴我是什麼原因嗎？」

春月嘆了口氣，說出了自己的想法：「工作這麼久，我發現自己的性格，實在不太適合銷售工作。」

「那妳認為誰的性格適合做這項工作？」經理問道。

「朵朵！」春月脫口而出。

「那妳知道朵朵以前是什麼情況嗎？」

說完這句話，經理便回憶起新員工剛進入公司時的情景。

那天，新員工都必須上臺介紹自己，輪到朵朵時，她紅著臉，低著頭，在臺上足足站了十分鐘也沒有說出一句話，最後還是結結巴巴地說了兩句草草了事。

回憶完後，經理轉頭問春月：「妳再想想妳那天的表現，是不是比朵朵強？」

春月想起剛來的那天，自己精彩的介紹還贏得了一片掌聲。這麼一想，春月發現自己最大的問題就是沒自信，只要克服掉這個性格上的盲點，自己肯定也會做得很好！

在接下來的日子裡，春月不僅繼續加強自己的專業銷售知識，還向技術人員請教很多產品方面的知識，充分瞭解了公司產品與競爭品牌產品的差異。

不僅如此，春月還一有空就跟著同事去拜訪客戶，實地學習銷售、溝通技巧。當然，春月也加大了自己的口才、自信心等方面的鍛鍊。

皇天不負苦心人，春月終於簽到了屬於自己的第一樁生意。從那以後，春月的業績節節攀升，最終成為銷售冠軍。

事實上，每個人的性格都會存在或多或少的缺陷，不會是完美無缺的。

但性格終究是可以塑造的，就像事例中的春月一樣，本以為自己的性格不適合銷售工作，最終卻成為一名銷售高手，這其中最主要的原因，就是春月能正視自己性格上的弱點，並且努力地去改正。

可見，沒有最好的性格，只有更好的性格。性格如同璞玉，只要用心打磨，便能熠熠生輝。

【掩卷深思】

好的性格是一種力量，更是一種資產，有助於人們取得成功。所以，你要在日常生活中，有意識地培養自身的良好性格，從而擁有美好的人生。

2 服下名叫「樂觀」的「抗生素」

在這個世界上，我們每個人都註定要經歷人生的酸甜苦辣。當你面對困難、挫折、打擊的時候，是悲觀消極、提前舉起白旗繳械投降？還是積極樂觀、迎難而上？

決定權當然在你自己手裡，但是要知道，無論你做出怎樣的選擇，生活仍將繼續。

既然快樂過是一天，悲傷過也是一天，那麼何不讓自己用樂觀積極的情緒，去笑迎每一個黎明的來臨呢？

親愛的朋友，請你要永遠記住：地球並不會因為你個人的喜怒哀樂而停止轉動，既然如此，何不服下名叫「樂觀」的「抗生素」呢？

因為一個在逆境中，總是保持樂觀積極心態的人，必是一個富有魅力，讓人敬佩欣賞的人。

海倫．凱勒是世界著名的盲聾女作家、教育家，她在一歲半的時候，因患猩紅熱而失去了聽力和視力，同時也喪失了說話的能力。

身處黑暗孤單的無聲世界，海倫．凱勒並沒有悲觀失意、自暴自棄，而是用積極樂觀的心態面對現實，並且在老師安妮．莎莉文的幫助和指導下，用樂觀的精神和頑強的意志，克服了身心痛苦。

她熱愛著這個世界的一切和自己的生活，並懷著極大的熱情學習盡可能多的知識，在自己的努力和老師的幫助下，她竟奇蹟般地學會了讀書和說話，並且能夠和他人進行溝通交流。

皇天不負苦心人，海倫．凱勒最終以優異的成績，從美國哈佛大學拉德克里夫學院順利畢業，成為世界上第一個完成大學教育的盲聾人。她學識淵博，精通英、德、法、希臘、拉丁等五種語言文字，還曾被美國《時代週刊》評選為「二十世紀美國十大英雄偶像」之一，被授予「總統自由獎章」。

海倫．凱勒堅持寫作，筆耕不輟，一生共寫了十四部著作。

處女作《我的生活》，一發表就在美國引起了轟動，並被稱為「世界文學史上，無與倫比的傑作」，在世界各地產生了巨大的迴響。她的代表作《假如給我三天光明》廣為流傳，文章以一個身殘志堅的女性的視角，告誡世界上四肢健全的人們要珍愛生命，珍惜造物主賜予的一切，激勵了一代又一代年輕人。

在不斷提高、完善自我的同時，海倫·凱勒還努力幫助、鼓勵和自己有同樣遭遇的人們。她走遍美國和世界各地，為盲人學校募集資金，在盲人福利和教育事業上，傾盡了自己的一生。

著名作家馬克·吐溫曾說過這樣一句話：「十九世紀有兩個值得關注的人，一個是拿破崙，另一個就是海倫·凱勒。」做為一名失去視力、聽力和語言的弱勢女子，海倫·凱勒並沒有悲觀消極、屈服於不幸的命運安排，而是以積極樂觀的情緒和一顆不屈不撓的心，勇敢接受了生命的挑戰，用驚人的毅力面對生活中的困難和逆境，用自己最大的熱忱去擁抱整個世界，最終在黑暗的世界裡，找到了自己人生的光明面，同時又毫不吝嗇地將自己溫暖慈愛的雙手，伸向了那些需要幫助的人，不僅給自己也給人類帶來了光明。

相信海倫·凱勒的偉大事蹟，令每個身體健全的朋友都自嘆不如，這位讓人不禁豎起大拇指的女子，在她八十七年無光、無聲、無語的孤寂歲月裡，踐行了許多在身體健全的人眼裡，都難以實現的事情，而之所以取得這樣的驚人成就，很大一部分歸功於她積極樂觀的心態。

相較於那些陷在悲觀消極的泥淖裡，不能自拔的朋友來說，有著積極樂觀心態的人，更容易看到事物的光明面：面對半杯水，他們會感恩地說「還有半杯水」，而不會懊惱「只有半杯水」；在遭遇痛苦、打擊、逆境時，他們會甩甩頭，毫無畏懼地大步往前走，而不是做鴕鳥，將自己的頭深深埋在沙子裡；

甚至研究證明，他們在身心上也更健康，平均壽命比那些容易失落、焦慮的人更長久，在人際交往上，也更富有魅力，能夠吸引更多的人。

那麼，在現實生活中，應該如何保持樂觀積極的心態，消除悲觀低落的消極情緒呢？

1、自我鼓勵法

就是藉助某些生活哲理，或者某些積極正面的思想，來安慰激勵自己，從而讓自己有勇氣去面對困難和挫折，並與之進行抗爭。有效掌握這種方法，能幫助你盡快從痛苦、逆境中擺脫出來。

2、語言暗示法

語言對情緒有著不可忽視的影響，當你被消極悲觀的情緒所控制時，可以採取語言暗示的方法，來調整自己的不良情緒。

比如朗誦勵志的名言或故事；心裡默默對自己說「不要悲觀」、「你行的」、「悲觀消極於事無補，甚至會使事情變得更糟糕」、「與其消極逃避，不如積極面對」等諸如此類的話；不斷用言語對自己進行提醒、命令、暗示等等。這種語言暗示法，非常有利於情緒的好轉。

3、注意力轉移法

當遇到痛苦、打擊時，各位朋友千萬不要陷在悲觀的泥淖裡無法自拔，這個時候，不妨試著轉移一下自己的注意力，看看調節情緒的影音作品（以勵志、溫情片為佳），或者讀讀積極、振奮人心的書籍（如名人傳記、勵志書等），在這樣一個過程中，你之前的消極情緒，就會不知不覺轉向積極、有意義的方面，心情也會隨之豁然開朗。

4、環境調節法

外在的環境對情緒有著重要的影響。光線明亮、舒適宜人的外在環境能夠給人帶來愉悅，而在陰暗狹窄、骯髒不堪的環境下，人們很容易產生不悅、消極的情緒。所以，親愛的朋友們，當你感到悲觀失落時，不妨走出去散散心，享受一下大自然的美景，這樣非常有利於身心調節。

5、他人疏導法

有時候，悲觀消極的情緒，光靠自己調節無法徹底消除，這種情況，就需要你向外界求助，讓身旁的親朋好友幫你來疏導。

心理學研究也表示，人在抑鬱苦悶時，應當有節制地進行發洩，將憋悶在內心的苦惱適度傾吐出來，情緒就會大大好轉。而最佳的傾聽對象無疑是親人和朋友，他們的分擔和鼓勵，必將是你擁有樂觀情緒的泉源。

朋友們，請仔細打量一下自己，看看你的天空是否總是佈滿陰霾？你的臉上是否仍掛滿憂愁？你的生活是否總遭遇滑鐵盧？

如果是，請你學著用積極樂觀的心態去對待這一切，只要堅持如此，你會慢慢發現自己的生活，原本也是光明美好的，你也照樣能把自己經營成好品牌。

【掩卷深思】

樂觀是良好性格中的一部分，一個樂觀的人，不會久久沉溺在失敗與傷痛中不能自拔，更不可能在困難和挫折前打退堂鼓，他總是能找到事物積極的一面，一步一步地實現自己的目標。請試著服下名叫「樂觀」的抗生素吧！你會發現自己離成功越來越近了。

3 堅強，讓你走出生命的低谷

我們每個人的人生道路，不可能一直是平平坦坦的，總會遇到坎坷與起伏。當你處在生命的低谷時，是深陷其中、一蹶不振，還是振作精神、堅強走出？強者當然會選擇後者，因為在他們眼裡，怨天尤人、消沉墮落解決不了任何問題，反而會讓自己的處境變得越來越糟糕，既然如此，何不堅強地去面對呢？在堅強中學會自強，在堅強中找到自己的價值，在堅強中發揮自己的潛能，在堅強中笑對人生的一切苦難和不幸。只有這樣，你的生命才會具有鑽石般的質地與光芒，也只有這樣，你才能將自己經營成好的品牌。

國際著名激勵大師約翰·庫緹斯剛生下來的時候，每個看到他的人都非常震驚：他的身體比一般的嬰兒都要小，幾乎就像易開罐那麼大，雙腳畸形，更糟糕的是，他沒有肛門！

看著躺在觀察室裡，奄奄一息的小約翰，醫生對他的父母斷言：「你們的孩子現在非常虛弱，看狀況是活不過今天了，請你們做好心理準備。」

然而，就在小約翰的父母懷著悲傷絕望的心情，為兒子準備完小衣服、小棺材和墓地之後，他們驚喜地發現小約翰依舊安然無恙地活著。

但是，醫生並不打算給小約翰的父母過多的希望，便繼續潑冷水說：「儘管如此，你們的孩子估計還是活不過一週。」

可是小約翰並未實踐醫生的「預言」，相反，他堅強地掙扎著活過了第一週、第二週、第三週……小約翰竟奇蹟般地活了下來，這讓所有的醫生甚至小約翰的父母，都感到不可思議。

父母決定將兒子帶回家，並給他取名為約翰．庫緹斯。他們打算從今往後，精心地養育自己的這個兒子。

小約翰的身體實在是太小了，在他的眼裡，身邊的一切都是龐然大物，讓他內心充滿了恐懼，甚至連他家的狗，都經常欺負這個小玩意兒。

為了讓兒子戰勝恐懼，堅強起來，父親對小約翰說：「如果你害怕，那麼你就學會堅強地面對牠吧！」他讓小約翰和家中的那隻狗獨處，透過這一次鍛鍊，父親給小約翰上了人生中的第一堂課。

當小約翰背著對他來說像龐然大物般的書包，坐在輪椅上進入校園時，他萬萬沒有想到接下來的日子是一場又一場噩夢。

很多調皮的同學都把個頭矮小的小約翰，當成自己隨意戲弄的玩偶：他們故意推倒坐在輪椅上的小約翰，看他如何掙扎著起來；他們偷偷弄壞小約翰輪椅上的剎車，看他出醜；他們把小約翰綁在教室的吊扇上，讓他隨著風扇一起轉動；他們甚至用繩子綁著小約翰的手，用膠帶封住他的嘴，粗魯地把他扔到垃圾箱裡，並且還在垃圾箱旁邊點燃了火……儘管如此，小約翰還是咬著牙，堅強地在夾縫中成長著。

小約翰兩條畸形的腳，就像兩條尾巴，整天高高地翹著，卻派不上任何用場，甚至還會影響行動，所以，在他十七歲的時候，也就是一九八七年，他做了腿部的切除手術，從此成了「半個人」，但是行動卻比從前自如了許多。

高中畢業後，約翰打算找一份工作，自己養活自己。於是，他趴在滑板上，敲開一家又一家的店門，詢問店主願不願意僱傭他。可是，約翰太過矮小了，很多人打開店門，卻沒看到半個人——他們根本沒有注意到趴在滑板上的「半個」約翰，便又把門關上了。

對此，約翰並沒有灰心，他屢戰屢敗，屢敗屢戰。不知道經歷了多少次失敗後，約翰終於找到了自己的第一份工作——在一家雜貨鋪裡當店員。後來又在一家儀表箱公司轉過螺絲釘。那時，他每天凌晨四點多就起床，先乘坐火車到鎮上，再趴在滑板上，趕到幾公里以外的工廠。

雖然生活非常艱苦，但是至少能夠自力更生了，這讓堅強的約翰感到非常快樂和滿足。

約翰雖然身體殘疾，只有半個身子，但是他非常熱愛體育運動。在他十二歲時，他就開始學打室內板球、輪椅橄欖球，並且喜歡上了舉重。由於沒有雙腿，很多事情都只能靠上肢來完成，所以，約翰的上肢得到了長期的鍛鍊，手臂有著驚人的力量。

一九九四年，約翰獲得了澳大利亞殘疾人網球賽的第一名；二〇〇〇年，約翰拿到了澳大利亞體育機構的獎學金，並且在全國健康舉重比賽中獲得了亞軍。此外，約翰還分別取得了板球、橄欖球的二級教練證書。他那堅強不屈的毅力，讓很多人都為之折服。

而真正改變約翰的命運、開創他人生新局面的，則是一次極其偶然的公開演講。那次，約翰應他人之邀，對自己的經歷做了一個簡短的演講，卻沒想到贏來了熱烈的掌聲和巨大的迴響。很多聽眾聽了他的故事後，都被他堅強的意志所深深觸動，甚至有一個女孩因此放棄了自殺的念頭。

這次偶然的公開演講，讓約翰做出了一生中最大的決定：走上講臺，講述自己所經歷過的一切，講出自己的掙扎和堅強奮鬥，給予他人人生的啟示。

於是，約翰開始到世界各地進行演講。到現在為止，約翰在一百九十多個國家，共做了八百多場演講，他用自己的人生經歷，激勵了許多處於人生低谷的失意人，讓他們變得堅強起來。

相信約翰．庫緹斯的經歷，一定會帶給你心靈上的觸動，這個在常人眼裡註定不會有生命高潮的「半個人」，硬是用自己堅強的意志和有力的雙手，走出了生命的「低谷」，向著自己生命的「巔峰」一點一點攀登。

就算沒有雙腳，又有什麼可畏懼的呢？約翰．庫緹斯用行動讓世人見證了，他從生命低谷一路走來所留下的堅強「足跡」。

約翰．庫緹斯還曾說過：「每個人都有殘疾，我的殘疾你們能看到，那你們的殘疾呢？」是的，親愛的朋友，身體健全的你，是否能像約翰．庫緹斯那樣，堅強地走出生命的低谷呢？

如果想要自己做個身不殘，志也不殘的強者，你就應該學會如何讓自己變得堅強。

1、相信自己，不要放棄自己

這是真正的堅強。

只有在內心裡真正接受自己，承認自己，相信自己，你才會變得堅強起來。試想，如果約翰．庫緹斯因為自己「半個人」的身分而自暴自棄，他哪還會有勇氣去堅強地面對外界的奚落和恥笑呢？如果我們自己都厭惡自己，總是對自己產生懷疑，那麼，自己先從內心裡打敗了自己，堅強又從何談起？

2、多學習，不斷給自己充電

多學習知識，不斷充實自己，這樣眼界就會變得更加開闊，心胸也會變得越來越寬廣。當生命低谷來臨的時候，才能以一顆平和的心去面對，用堅強的意志去克服困難，走出低谷。

3、找到自我內心的懦弱，並直面它、戰勝它

有些人遇事總是畏首畏尾、戰戰兢兢，這種人如果想要自己變得堅強，則應首先找到導致自己內心畏懼、懦弱的真正原因，並且有針對性地去解決它，戰勝它。只有這樣，才會解決根本的問題。

【掩卷深思】

堅強是一種優秀的品格，每個人都應該具備。一個堅強的人，必是生活的強者，也是一個充滿魅力、受人尊重的人。

4 人人都愛幽默達人

相信大家對「幽默」這個詞，都不會感到陌生，但是到底什麼是幽默卻莫衷一是。

這就好比「一千個讀者眼裡，就有一千個哈姆雷特」一樣，每個人對幽默的定義都是不一樣的。

美國心理學家特魯．赫伯說：「幽默是指一種行為的特徵，能夠引發喜悅，帶來歡樂或以愉快的方式，使別人獲得精神上的快感。」

愛爾蘭作家蕭伯納認為：「幽默是一種元素，它既不是化合物，更不是成品。」

著名的幽默大師卓別林則認為：「所謂幽默，就是我們在看來是正常的行為中，覺察出來的細微差別，換句話說，透過幽默，我們在貌似正常的現象中看出不正常的現象。」

儘管大家對幽默的定義各不相同，但是「萬變不離其宗」，幽默的本質依舊是不變的。

它是人際交往中，一種奇妙的潤滑劑，能使憂傷變為快樂，使煩惱化為歡暢，將尷尬轉為融洽。

一個性格幽默、機智風趣的人，通常是一個豁達睿智的人，為人處世比較靈活。在人際交往中，他能用自己詼諧幽默的談吐，輕易消除陌生人的心理戒備，拉近彼此的心理距離，獲得他人的好感，從而與身邊的人，建立良好的人際關係。

美國著名的小說家馬克・吐溫，可以算得上是名副其實的「幽默達人」，他深諳幽默的力量，並在日常生活中，將幽默發揮得淋漓盡致。

有一次，馬克・吐溫要去芝加哥，臨走前朋友告訴他，當地的蚊子特別厲害，又大又多又兇。到了芝加哥之後，馬克・吐溫找到一家旅店住宿，在服務臺登記房間時，一隻蚊子在馬克・吐溫身邊盤旋，這使得服務員非常尷尬，連忙用手驅趕蚊子。

然而，馬克・吐溫卻滿不在乎地對服務員說：「早有耳聞貴地的蚊子十分聰明，沒想到現實中更聰明，牠們竟然會事先看好我的房間號碼，以便晚上光顧，飽餐一頓。」

服務員被馬克・吐溫詼諧幽默的語言逗得開懷大笑，同時也被他的睿智風趣所折服。

於是，當天晚上，他便召集旅館全體職員一齊出動驅趕蚊子，以免這位受人歡迎的大作家被「聰明的蚊子」叮咬。

結果，這一夜，馬克・吐溫睡得十分香甜。

馬克．吐溫便是用自己詼諧幽默的語言，緩和了尷尬的氣氛，迅速贏得了他人的好感和信賴，也因此得到了陌生人的「特別照顧」。這不得不讓我們佩服他的睿智與風趣。

試想，如果馬克．吐溫直接用乏味平淡的語言，向服務員提出驅蚊要求，或者惡聲惡語地對服務員大發牢騷，結局又會是怎樣呢？

相信馬克．吐溫不但會碰一鼻子灰，而且還會被厲害的蚊子飽餐一頓。

可見，在與他人交往的過程中，性格幽默的人是非常受歡迎的。而且，做為現在社交中必不可少的一項要素，幽默，往往還能使你從尷尬中體面地脫身。

在某個高級俱樂部舉行的一次Party上，來了許多名流和富商。

服務生在給來賓倒酒時，不小心將啤酒灑到了一位貴賓那油光發亮的禿頭上，服務生當時嚇得不知所措，全場來賓都目瞪口呆地看著這位倒楣的貴賓，覺得這位貴賓肯定會惱羞成怒。

沒想到這位貴賓，不動聲色地用紙巾擦乾自己光禿禿的腦袋，微笑著對服務生調侃道：「嘿！老弟，你覺得這種治療禿頂的方法會有效嗎？」全場的來賓包括服務生，聽後都開懷大笑，剛才的尷尬緊張氣氛頓時煙消雲散。

這位「禿頭貴賓」無疑是一個幽默達人，他藉助幽默的性格，既展示了自己豁達的胸襟，又維護了自己的尊嚴，讓禿頭也變成了一種魅力。

然而，幽默並不是與生俱來的能力，關鍵在於後天的培養。如果想把自己培養成幽默達人，就需要你在生活中有意識地培養自己幽默的性格。

1、應廣泛涉獵各種知識，給自己充電

幽默和個人的知識累積有關，一個人只有擁有了豐富廣博的知識，才能有用之不盡的談資和妙言，大腦才會像一個物資豐富的倉庫，可以隨時隨地地提取。

所以，在日常生活中，朋友們應該多觀察身邊的點滴，不斷從各種書籍中採集幽默的種子，比如多看喜劇片、笑話、相聲小品，或者多看一些名人軼事，記住一些適合自己的且常會用到的幽默語句。

2、培養樂觀的心態和豁達的胸懷

一個性格幽默的人，必定是一個勇於自我解嘲的人，而自我解嘲並不是所有人都能做到的。它需要樂觀積極的心態以及豁達大度的胸懷做支撐。

所以，平時應有意識地培養自己樂觀的心態和豁達的胸懷，這樣才會有足夠的勇氣和度量「幽」自己一「默」，也「幽」大家一「默」。

3、詼諧幽默必須把握分寸

老舍說：「幽默一放開手，便會成為瞎胡鬧和開玩笑。」所以，大家在培養自己幽默感的過程中，一定要把握好分寸，否則會給人一種譁眾取寵的感覺。要知道，幽默並不是賣弄小聰明、溜鬚拍馬、扮滑稽狀，更不是嘲笑他人找樂子。

相較於滑稽來說，詼諧幽默並不刻意追求形式上的怪誕、可笑，而是注重內容上的有趣、有理。它是寬容與善意的，並以給他人帶來快樂為目的。

【掩卷深思】

生活中離不開幽默，如果沒有幽默，世界將黯然失色。

5 擺脫嫉妒這一心靈的枷鎖

英國哲學家羅素，曾在自己的《幸福之路．嫉妒篇》裡提及道：「嫉妒，可以說是人類最普遍的、最根深蒂固的一種情感。」的確，做為「七宗罪」裡的一項罪行，嫉妒確實是禁錮人類心靈的枷鎖。

看過電影《七宗罪》的朋友們一定還記得，在影片結尾，殺手約翰因為嫉妒，殺害了員警米爾斯的妻子，當然，約翰最終也為自己的嫉妒付出了代價。類似這樣的電影劇情比比皆是，編劇們似乎對人類「嫉妒」這個話題非常感興趣，總有說不完的故事，比如：甲和乙本來是一對最要好的朋友。在外人看來，甲和乙如果長得再像一點，那簡直就是一對親兄弟。然而由於甲事業飛黃騰達，兩人的差距越來越大，乙內心對甲的嫉妒越來越強烈，並開始處心積慮地為難甲，甚至還設法陷害甲，兩人因此翻臉，從此形同陌路；A和B同時愛上男人C，但是C愛的是另一個女人D，對此，A和B懷恨在心，兩人聯合起來去陷害D……

對於這樣的電影情節，觀眾們總是津津樂道，但是在現實生活中，它卻是一個令人頭痛的「不速之客」。

蘇詠梅剛進公司的時候，發現帶她的前輩是她的同校同專業學姐，只不過比她早畢業五年。蘇詠梅很高興在這裡見到校友，親切地稱呼她為王姐。她一直跟著王姐做事，兩人很快便熟絡起來了，王姐生活上非常照顧蘇詠梅，工作上也悉心指導、提點她。

王姐工作能力非常強，經常受到主管的讚揚，月月都有獎金。相較之下，蘇詠梅就顯得黯淡無光了，業績平平，薪水也比王姐低了一大截。時間一久，蘇詠梅覺得是王姐的光芒太盛，導致自己的光芒無法被主管發現，漸漸地，她的內心失去了平衡，開始各種羨慕嫉妒恨，並把王姐當作自己的敵人，一有機會，她就拆王姐的臺。

一次，王姐的一個客戶打電話過來諮詢，恰好王姐不在，蘇詠梅接了電話，並果斷地把那個客戶變成了自己的資源。嚐到了甜頭之後，蘇詠梅開始明裡暗裡地跟王姐搶客戶，甚至將王姐的一些工作業績佔為己有，王姐的一個大客戶，也因為蘇詠梅暗中插手而丟失了。

王姐也不是等閒之輩，很快就知道了是蘇詠梅在背後搞鬼。她極其憤怒，馬上給予蘇詠梅強而有力的反擊。最後，蘇詠梅徹底敗北，只得辭職離開了公司。

從蘇詠梅的遭遇中，我們可以看出，不管是對嫉妒者還是被嫉妒者，嫉妒都具有無窮的摧毀力，尤其是在盛產嫉妒心的辦公室，時常能夠嗅到嫉妒的味道。

像蘇詠梅那樣身患「職場嫉妒症」的人，總是看不得其他同事比自己出色，只要看見同事有超越自己之處，就想方設法地去貶低別人，嚴重的，甚至還處心積慮地設置陷阱去坑害對方。看到對方遭殃，心裡就竊喜不已。

可見，嫉妒心理是危險的，後果往往很嚴重，它就像一把鋒利的匕首，最後不是插在別人的身上，就是刺進自己的心裡。

有這樣一則流傳在東南亞一帶，反映人類嫉妒的故事：

有一個嫉妒心很強的人遇見了上帝。

上帝對他說：「我現在可以滿足你一個願望，任何願望都行，但是滿足的前提是，你的鄰居將得到雙份的報酬。」

這個人聽了，狂喜不已。但是他又轉念一想：如果我希望得到一份田產，我鄰居就會得到兩份田產了；如果我想擁有一箱金子，那鄰居就可以輕易獲得兩箱金子；如果我要一個傾國傾城的美女，那麼那個至今還打著光棍的傢伙，一下子就能左擁右抱兩個絕色美女了……

這個人挖空心思，也沒想出一個讓自己滿意的願望，他實在不甘心讓鄰居得到比自己還多的好處，讓那傢伙白佔了便宜。

掙扎許久後，他咬了咬牙，對上帝說：「那你挖了我一隻眼珠吧！」

看完這個故事，你會不會笑話這個人是個十足的傻瓜？寧願付出傷害自己的代價，也絲毫不想讓鄰居得到一點好處。

多麼可悲的心理！

莎士比亞說：「您要留心嫉妒啊，那是一個綠眼的妖魔！」可想而知，嫉妒的危害之大。它就像一條毒蛇，咬噬著嫉妒者的靈魂，讓理智和良知一點一點喪失，在咬傷別人的同時，自己往往已經深受傷害。

夢馨喜歡上了同事雲鵬。

雲鵬高大英俊、溫文爾雅，很受公司女同事的歡迎。每次和雲鵬說話，夢馨的心裡就跟小鹿撞牆般撲通撲通地跳，臉紅得跟個熟透的蘋果似的。然而，在眾多女同事中，雲鵬唯獨對曉航特別熱情，每次曉航遇到什麼困難，雲鵬總是非常耐心地幫忙解決。

對此，夢馨醋意大發。心想曉航到底有哪點比自己強，非常不服氣。以後的日子，夢馨對曉航格外關注，任何事情都要拿自己和她進行比較。在比較中，夢馨發現曉航確實是一個性格、脾氣都很好的女孩，在工作上也比自己做得好。越比較，夢馨越發現自己不如曉航。越比較，夢馨對曉航的怨恨就越深，甚至到了咬牙切齒的地步。

就這樣，夢馨每天都在內心折磨著自己，沒有一點心思工作，總是出現差錯，身體也日漸消瘦，胸中就像堵了一塊石頭，吃不下也睡不好……

「人在嫉妒中沒有解藥，牛角尖越鑽越深不屈不撓……想不到嫉妒的煎熬，竟然強烈到會讓人在夜裡翻來覆去睡不著。」這是陶晶瑩的歌曲《嫉妒》裡的歌詞。曾遭受過嫉妒心理折磨的朋友，想必對嫉妒帶給人的痛苦深有體會。

難道有人願意一直深陷在嫉妒的泥沼中無法自拔？願意一直做嫉妒的奴隸，被它控制著意識？答案是否定的。所以，從現在開始行動起來，擺脫嫉妒這一心靈的枷鎖吧！

1、我們對嫉妒要有一個正確的認識

嫉妒是對自己的否定，一個自信的人是不會嫉妒他人的。如果想獲取成功，不僅要透過自己的努力奮鬥，也要得到他人的幫助和支持。而嫉妒只會損人不利己。

2、不斷提高自身的道德修養

喜歡嫉妒的人，都是心胸狹隘的人，因此，朋友們應該不斷地開闊自己的視野，與人為善，擁有豁達的胸襟。

3、時刻保持冷靜，客觀地評價自己

當嫉妒心理萌發時，要提醒自己保持冷靜，客觀地分析自己，找到癥結所在，從而積極主動地調整自己的意識和行為。

4、要有一顆虛心學習的心

「三人行，必有我師焉」，任何人身上都有值得自己學習的地方，客觀看待別人的長處，懷著謙虛的態度向他人學習，這樣才能化嫉妒為動力，不斷提升自己。

5、不要將自己「一棍子打死」，要看到自己的長處

聰明的人懂得揚長避短，而不是盲目地拿自己的短處，與別人的長處進行比較。積極發揮自身的潛能，縮小與嫉妒對象的差距，這樣，嫉妒心理也會隨之減弱乃至消除。

6、要學會換位思考

嫉妒不僅讓嫉妒者飽受心靈的煎熬，還會給被嫉妒者帶來許多麻煩和苦惱，將心比心，明白「己所不欲，勿施與人」的道理，你就會收斂自己的嫉妒言行。

7、當嫉妒心萌芽時，試著轉移注意力

做一些自己感興趣的事情，轉移關注點，這樣嫉妒心理也會得到有效抑制。

8、學會自我宣洩

找個合適的人，將自己內心的想法大聲說出來，或者藉助各種業餘愛好來排解，盡快將嫉妒心扼殺在搖籃裡。

【掩卷深思】

有句諺語是這樣說的：「嫉妒猶如蟒蛇，能讓人窒息。」不僅如此，嫉妒還像一條眼鏡蛇，一點點嫉妒的「毒液」，就能扼殺掉看似堅不可摧的一段情誼，可見，嫉妒絕對是得不償失的。

6 胸中天地寬，常有渡人船

有這樣一個故事：

一位禪師在深山修行。

有一天，他外出散步回來，發現一個小偷正在「光顧」自己的茅草屋。禪師並沒有因此大呼小叫，為了不驚動小偷，他一直站在門口等待，並且脫下了自己的外衣拿在手中。

找不到任何財物的小偷，失望地從茅草屋走出來，抬頭卻與站在門口的禪師撞了個正著，小偷有些驚慌失措。

這個時候，禪師卻寬容地說：「施主跑到這麼遠的地方來探望我，我怎麼好意思讓您空手而回呢？晚上天氣寒冷，您就穿上這件衣服走吧！」說著，禪師將衣服披在了小偷身上。小偷的臉刷地一下紅了，慚愧得無地自容，一句話也不說就悄悄溜走了。

看著小偷漸漸消失在夜色裡，禪師不禁感嘆道：「唉！可憐的人，這麼黑暗的夜晚，這麼崎嶇難行的山路，真希望我能送給他一輪明月，照亮他的心靈，也照亮他下山的道路。」

第二天清晨，禪師醒來，驚訝地發現自己的外衣就在茅草屋門口。老禪師寬廣大度的胸懷，最終使小偷良心發現，迷途知返。

現實生活中，朋友們如果遇到類似這樣的事情，會做出什麼樣的反應呢？相信像老禪師這樣淡定、寬容的人寥寥無幾，大部分人當時都會嚇得膽顫心驚，事後則對小偷恨得咬牙切齒。境界立見分曉。

眾人之所以會與老禪師有如此大的差距，是因為大部分人的內心，都不像老禪師那樣寬廣豁達，也缺少寬容之心，甚至有些人會認為寬容是軟弱和妥協的表現，更是對他人的一種縱容。

正因為有這種心理在作祟，很多人的內心都非常狹隘，眼裡容不進半粒沙子，缺少寬容之心，這對人對己都不是一件令人愉悅的事情。

寬容是一種境界，是一種修養，是一種非凡的氣度；寬容是一種由內而外散發出來的仁愛光芒，在對別人釋懷的同時，也善待了自己；寬容更是一種生活的藝術，一種生存的智慧，幫你看透冷暖人生，獲得真正的從容、自信和超然。

那麼，在現實生活中，朋友們應該怎麼做，才能擁有一顆寬容之心，讓自己的胸懷變得寬廣豁達呢？

這裡，我們不妨來看看以下幾點建議：

1、寬容別人就是造福自己

現實生活中，人與人在交往時，難免會產生小矛盾、小摩擦，對於他人的無意傷害或無心之過，朋友們沒有必要耿耿於懷，揪著不放，這樣不但會影響正常的人際交往，而且會讓他人覺得你是一個小肚雞腸、睚眥必報的小人。這又何苦？

要知道，「金無足赤，人無完人」，對人對事多一點寬容，自己也會更容易快樂，何樂而不為？

2、懂得尊重他人

我們每個人都是獨立的個體，所以無論是在工作中還是在生活中，我們每個人都有自己的想法和看法，同樣也都有受人尊重的需求。

所以，想要把自己經營成好品牌，你就要學會尊重他人的意見，不要將自己的想法強加於人。當與他人產生矛盾或者發生不愉快的事情時，應試著換位思考，多站在對方的角度替對方考慮，這樣，你的心胸才會越來越寬廣。

3、多一些忍耐之心

現實生活中，很多人都受不得半點氣，只要遇到一點不順心的事情，或者有人惹自己不開心，他就會怒火中燒、暴跳如雷，這不僅影響雙方的心情，而且非常不利於人際交往。

所以，想要完善性格，把自己經營成好品牌，一定要懂得忍耐之術，化干戈為玉帛。

很久以前，有一個落魄的商人，他是侏儒，卻娶了一個身材比自己高大很多的女人為妻。這位妻子雖然身材高大，但是性情卻極為溫和，因此，商人每次在外面受了氣，回來後就會把氣出在自己的妻子身上，甚至會打罵妻子，而妻子也一直默默地忍而不發。

鄰居知道後憤憤不平，私底下對這位溫和的妻子說：「妳個子比他高，力氣也不比他小，為什麼他打妳時妳不還手？要是我，早就揍他一頓給他點顏色看看了，看他以後還敢不敢這麼囂張。」

這位溫和的妻子聽完鄰居的話後，卻異常平靜地說：「我確實可以這樣做，但是他在外面總是被人看不起，受了很多氣，如果我也跟外人一樣對他，那他內心肯定會很痛苦。」

妻子的話傳到了侏儒的耳中，讓他深受感動，從那以後，侏儒再也沒有打過妻子，並且變得非常體貼。

故事中的妻子，無疑是非常有忍耐力的，正因為如此，商人最終被妻子的寬容忍耐所打動，改掉了從前的惡習。

由此可見，學會寬容是每個人的必修課，常懷寬容之心，不僅是善待他人，也是對自我的救贖。

【掩卷深思】

子貢曾問孔子：「老師，有沒有一個字，可以做爲終生奉行的原則呢？」

孔子說：「那大概就是『恕』吧！」

這裡的「恕」，用今天的話來講，就是寬容。俗話說「胸中天地寬，常有渡人船」，一個懂得寬容的人，在他的內心世界裡，少有怨恨、抱怨。他能樂觀、豁達地看待生活，懂得忍讓、諒解，絕不會焦躁、惱怒、睚眥必報。

7

握住自己的快樂鑰匙

瑞秋最近非常鬱悶，總是感嘆自己時運不濟。

讀大學時，瑞秋非常用功刻苦，成績也是名列前茅，本以為自己畢業後，會找到一個稱心如意的工作，但萬萬沒想的是，畢業時，正趕上百年難遇的經濟危機，當時就業的情況非常不樂觀，很多人都紛紛失業，畢業的大學生，很多都因找不到工作而閒在家裡。

為此，畢業於知名大學的瑞秋只能放下身段，到處求職，然而卻四處碰壁。經歷了無數次面試和波折後，瑞秋終於被一家剛剛成立的小公司聘用了。

正打算大展宏圖努力奮鬥一番的時候，瑞秋又非常不幸地遇到了一位尖酸刻薄、以愛喝斥員工而聞名的老闆。這讓瑞秋有苦難言。

有一次開會，老闆不留情面地指責批評瑞秋做的企劃案：「就妳這水準還是大學畢業呢！

這種水準也敢拿出來說是企劃案？說實話，妳這個是我迄今為止，見過的最沒建設性、最糟糕的企劃案！」

老闆的冷嘲熱諷如尖刀一般，深深地刺痛了瑞秋的內心，嚴重地挫傷了瑞秋的自尊心，讓瑞秋非常沮喪，認為自己也許真的沒什麼能力。

當瑞秋還在為老闆的冷言冷語，感到煩惱苦悶時，在地球的另一個角落，同時上演著類似這樣的事情：

沈家迪正和他的朋友葉子師在一家報攤上買報紙，賣報小販的態度並不是很友好，神情也極為冷淡。

儘管如此，在離開前，朋友葉子師仍微笑著向報販道謝，但報販並未理會他們。

「這個傢伙也太沒有禮貌了，都說顧客是上帝，你看看他那態度，好像我們在乞求他買他東西似的，真是太不像話了！」一路上，沈家迪都悶悶不樂，為剛才小販的惡劣態度而惱羞成怒。

「這件事你根本沒必要放在心上，他一直都是這樣的，犯不著生氣。」葉子師不以為意地對沈家迪說。

沈家迪聽後有些不解地問道：「既然他一直都是這樣，那你幹嘛還對他這麼客氣啊？」

葉子師微笑著，不假思索地回答道：「我為什麼要讓他決定我的行為？」

葉子師的回答讓沈家迪大受震驚，同時也讓他恍然大悟。

相信受到震驚的不僅僅是沈家迪，大部分人看到葉子師的回答，內心都會受到不小的衝擊，簡短的一句「我為什麼要讓他決定我的行為」，說出了一個人快樂的真諦。是的，快樂不是他人施予的，而是自己選擇的。

說到這裡，我們不妨來做一個簡單的設想：親愛的朋友，如果你是一名學生，有一位嚴厲卻不得教育之法的老師；如果你是一名銷售人員，經常碰到態度惡劣的客戶；如果你是一位公司職員，遇到一名苛刻、愛刁難下屬的上司。

這時，你會有何感想？是像瑞秋或者沈家迪那樣怨天尤人、生悶氣，還是如葉子師一樣淡然處之，不因為對方的行為而影響自己的情緒？

不管怎樣，都請朋友們記住，快樂是自己的事情，與他人無關，而每個人的心中，都有一把開啟快樂大門的鑰匙。

一個心智成熟的人（比如上面故事中的葉子師）會牢牢握住這把鑰匙，他從不幻想從他人身上獲取快樂，也從來不會因為他人的態度和話語、行為來影響自己的心情，相反，他會盡力保持快樂的心情，不變初衷地對待周邊的人或事，甚至有意識地將快樂和幸福傳染給身邊的人。這樣的人，往往容易快樂，性格良好，和他們在一起是一種享受，輕鬆自在沒有壓力。

而另外一種人，則很容易將自己的快樂鑰匙，拱手讓給他人來掌管，心甘情願地讓他人來控制自己的心情。

就像瑞秋將她的快樂鑰匙，交給了尖酸刻薄、說話不留情面的老闆，讓老闆的冷嘲熱諷影響自己的心情，使自己陷入不良的情緒中，這既消耗了自己的快樂，也影響了自己的生活和工作。

朋友們不妨反觀自身，看看自己的快樂鑰匙現在在何方，是牢牢握在自己的手裡還是另有他主？如果在他人手裡，那就快快把它找回來，只有將鑰匙牢牢掌握在自己手裡，才能真正快樂起來。

其實，讓自己保持快樂並不難，只要你做個生活有心人，就可以和快樂有個「快樂」的約會。

1、快樂要主動尋覓，用心去追求

快樂本身並不會從天而降，需要你主動去尋覓，用心去感受、追求，這樣，你才能接近快樂。當你領悟到這一點後，就不會傻傻待在原地「守株待兔」，而是會主動地踏上尋覓快樂的旅途，只要用心去感受沿途的美景，你就會收到滿滿的快樂。

2、不要自負，也不能自卑

自負的人總是有十足的把握，來實現自己所有的目標，因而目空一切；自卑的人總是對自己產生懷疑，認為成功的希望非常渺茫。這兩種人都會因此錯失許多的快樂。所以，自信樂觀要適度、客觀，不要過於自信、目空一切，也不能缺少信心、悲觀沮喪。

3、擴大自己的生活圈，勇於嘗試新的事物

現實生活中，新事物總能給我們帶來驚喜，因此，學習新的知識，嘗試新的事物，可以使人獲得新的滿足。然而，有許多人忽視了這一點，錯失了發揮自己潛能、獲得快樂的機會。

為何不嘗試著去擴大自己的生活圈，接受一些新的活動和挑戰呢？只要勇敢地邁出這一步，你就會獲得許多意想不到的快樂。

4、要有自己的夢想，並勇於追求

每個人都應該心懷夢想，並且付諸行動、全力以赴，因為奮鬥的過程本身，就能給人帶來無比的快樂和滿足感。當然，夢想應該和現實結合，具有可行性，否則，夢想一旦落空，只會給你帶來巨大的失落感。

5、只在乎和自己一點一滴的較量，不要和別人攀比

從小時候開始，我們就已能感受到競爭帶來的壓力。在這競爭的過程中，許多人養成了與他人攀比的壞習慣，一旦發現自己哪方面不如別人，就開始悲傷、沮喪、自卑，毫無快樂可言。

所以，如果想握緊自己的快樂鑰匙，讓自己真正快樂起來，就少一些攀比吧！用自己當衡量的標準，看到自己一點一滴的進步，你的快樂也會油然而生。

6、熱心幫助他人，關心周圍的人、事

心理學家艾里遜曾說過這樣一句話：「只顧自己的人，結果會變成自己的奴隸！」確實如此，現實生活中，那些自私自利、只為自己活的人，往往心胸狹隘、小肚雞腸，處處受到侷限，內心很難快樂起來。

而要得到真正的快樂，受到他人的尊重，就應該經常幫助他人，對周圍的人、事，懷著一顆赤子之心，只有這樣，你的內心才會感到富足快樂。

7、學會分享，常懷感恩之心

古人云：「獨樂樂不如眾樂樂。」與他人分享自己的快樂可以使快樂永駐。只有常懷一顆感恩之心，才會消除內心的怨懟，讓自己真正快樂起來。

總而言之，快樂是人內心一種良性的情緒，因此，對想要把自己經營成好品牌的朋友來說，握住自己的快樂鑰匙，調整好心情遙控器，是非常重要的。

【掩卷深思】

在這個競爭激烈的社會環境中，人們都渴望擁有輕鬆的生活，渴望自己擁有更多的快樂。然而人生不如意事十常八九，當事情達不到自己期望的時候，有些人就會怨天尤人或者自暴自棄，怪上天不公，怨命途多舛，嘆人生際遇。然而，這些都不是你不快樂的根本原因，眞正能夠決定你是否快樂的只有你自己！所以，朋友們一定要握緊自己的快樂鑰匙，用它開啓幸福的大門。

8 懂得調整掌控情緒也是一種智慧

在這個世界上，我們每個人都是有七情六慾、喜怒哀樂的，同樣也都會遭遇挫折和困難，因此，不可避免地會情緒低落甚至情緒失控。

所不同的是，面對壞情緒這一「不速之客」，每個人的應對和態度都會有所區別。有些人會被這種不良情緒牽著鼻子走，深陷其中不能自拔，成為情緒的奴隸，有些人則懂得保持冷靜，積極地調整控制情緒，翻身當家做主。

很顯然，在現實生活中，那種被壞情緒牽著鼻子走的人，過得並不如意快樂，他們的不良情緒不僅會影響、打擾他人的生活，而且會讓自己不得安寧，而懂得調整自己情緒的人，則能很好地掌控自己的生活，甚至會有意識地將自己的好情緒傳染給他人。

余亞輝是一外貿公司的部門經理，在工作上做得非常出色，凡事也都能應付自如。之所以能做到這樣，完全得益於他對情緒的出色控制。

有一次，公司舉辦客戶見面會，恰恰這個時候，余亞輝因為感情上出現了一些問題，心情低落、意志消沉。

通常碰到這樣的情況，余亞輝都會選擇避不見人，直到情緒恢復正常為止。

然而，這次的客戶見面會非常關鍵，有很多重要客戶參加，所以不能缺席。

為了不讓任何壞情緒出來做怪，也為了不讓自己萎靡不振的神情影響到他人，余亞輝在會議上，極力調整自己的情緒，他不斷地積極地暗示自己，盡量保持微笑，顯露出一副心情非常愉悅而又和藹可親的樣子。

令人意想不到的是，透過這一番努力調整和心情「裝扮」，余亞輝竟獲得了出人意料的效果——沒多久，壞情緒就真的不知不覺地溜走了，而自己也確實變得開心起來。

現實生活中，不知朋友們是否體會過余亞輝這種經歷，當你想要自己快樂，並做出相應的努力和調整後，你會發現自己真的慢慢開始快樂起來。

這是心理學上的一項重要定律，也就是說一個人只要裝作某種情緒，模仿某種情緒，那麼在潛移默化中，他會真的產生這種情緒。這是掌控情緒的一個重要方法，由此我們也可以看出，掌控情緒不僅是一門學問，也是一種智慧。

需要注意的是，情緒或者行為的改變，並不是像「變臉」一樣瞬間就可以實現的，而是存在一個心理漸變的內在過程。情緒調整的程度、時長，根據性別、職業、年齡、性格等因素的千差萬別而有所不同，而每個人應對情緒變化的能力，也與人的情緒智慧密切相關。

關於人的情緒智慧，世界華人智慧女性領袖聯合會會長高非，曾表述過自己的觀點：「情緒智慧是決定人一生當中學業、工作、婚姻、家庭、健康與成就的重要指標。」

對此，美國著名的情商專家里查德．博亞特茲斯也深表贊同，他認為平庸的人和卓越的人，這兩者間的區別，在於是否掌握「情緒智慧」，只要能夠提高它，就可以幫助我們有效掌控情緒，達到最好的心境。

簡單來說，情緒智慧不僅直接影響著每個人的對外關係，同時也是一種對內自我掌控的能力。從心理學上看，情緒智慧主要包括十九個方面：情緒自我認知、準確自我評估、自信、樂觀、自我管理、表裡如一、適應力、主動性、情緒自我控制、同理心、企圖心、團隊認知、服務、激勵式領導、影響力、引導他人的能力、做變革的觸媒、無衝突管理、建立團隊合作。

對朋友們來說，如果具備較高的情緒智慧，就可以發揮出自己的潛能。

至於自己的情緒智慧高不高，朋友們完全可以拿上面列舉的十九個方面來做為根據，進行自我評估，看看自己是否具備足夠的情緒智慧來調控自己的情緒。

這裡，我們不妨來看看應該怎樣調整情緒：

1、轉移注意力，弱化不良情緒

相信朋友們都有過這樣的經歷，當你心情煩悶、暴躁時，越想那些令自己不開心的人事，心情就會變得更加糟糕，這個時候，為了不讓自己情緒失控突然爆發，朋友們可以有意識地轉移自己的注意力，把關注的焦點放到自己喜歡，能令自己心情愉悅的事情上去。

有一位年過六旬的老太太，住在京都南禪寺外，大家都叫她「哭婆」。之所以這麼叫她，是因為她雨天也哭，晴天也哭，每天都愁眉不展。就這樣，老太太吃不下飯、睡不著覺，終於積鬱成疾。

南禪寺的一個和尚知道這件事後，便找到她問道：「您為什麼總是哭呢？」

哭婆聽後，流著眼淚回答道：「我有兩個女兒，大女兒的老公以賣鞋維生，小女兒的老公則以賣雨傘維生。天氣晴朗，太陽出來的時候，我就會發愁，這麼好的大晴天，就沒有人買我小女兒家的傘了。下雨的時候，我又會擔心大女兒家的鞋子賣不出去。你說，我怎麼能不傷心難過呢？」

和尚聽完哭婆的哭訴後，笑著勸慰道：「天晴時，您應該想一想，大女兒的鞋店一定生意與隆；下雨時，您應該慶幸小女兒的雨傘銷量很好。這樣想，您應該天天高興才對！」

哭婆一聽，恍然大悟，頓時心情舒暢了。從那以後，「哭婆」變成了「笑婆」，吃得香甜，也睡得安穩。

儘管生活還是照舊，天氣仍然陰晴不定，但是由於注意力轉移到了令人愉悅的事情上，觀察生活的角度發生了改變，老太太的情緒也來了一個一百八十度的大轉變。

這便是轉移注意力對情緒調整的影響。

而這種方法也是百試不爽，美國第三任總統湯瑪斯·傑弗遜，就很提倡這種情緒調整法，他曾告誡孫子道：「當你感到氣憤時，從一數到十，假如怒火還未熄掉，那就數到一百。」孫子依照傑弗遜的方法做了，果然發現與別人發生衝突的次數越來越少，與身邊的人相處得也越來越和睦了。可見，轉移注意力，對於弱化不良情緒非常有幫助。

2、找到適合自己的宣洩方式

朋友們應該都知道，水庫的水位一旦超過警戒線，水庫就會自我調節，自動洩洪，否則，如果沒有洩洪，而是繼續不停地進水，水庫就會有崩潰的危險。

同樣，我們的情緒也是如此，心理分析大師佛洛德就曾說過：「每個人的心裡都有一座情緒水庫，當負面情緒出現時，情緒水庫的水位就會往上漲，一旦情緒水位到達警戒線，人們就會情緒失控。」

為了不讓自己的情緒水位到達警戒線，避免情緒失控，朋友們應該在不良情緒初露端倪時，就及時消解掉。

其中，最有效的方法，就是為不良情緒找到一個合適的宣洩口，比如在情緒低落的時候，聽聽音樂、看看書，或去跑跑步；在感到寂寞的時候，與朋友聊聊天；在陷入焦慮的時候，向親人傾訴，或者將自己的感覺寫下來，或者找一個空曠的地方大聲喊叫出來；也可以大哭一場，大睡一覺，擊打玩偶之類的東西以發洩心中的憤懣，直到不良情緒變得「筋疲力盡」，正面情緒漸漸產生。

很久以前，有一個國王長了一對驢耳朵，這個祕密在全國上下只有一個人知道，那就是國王的理髮師。

為了不讓他人知道，國王命令理髮師嚴守祕密，絕對不能洩露半個字，否則小命不保。日子一天天過去了，理髮師遵守承諾，始終沒有透露半個字，但是這個祕密一直憋在理髮師心裡，讓他感到很難受。

苦思冥想後，理髮師終於找到了一個兩全其美的辦法，他找到一塊寬闊的空地，挖了一個大洞，然後對著洞大喊：「國王長了一對驢耳朵。」發洩完之後，理髮師的心裡終於平靜了下來。

故事中，理髮師為自己的情緒找到了一個宣洩的出口，從而消解了自己的負面情緒，這不失為調整情緒的好方法。

3、學會寬容，提高自身的修養

現實生活中，朋友們要有意識地保持良好的心態，培養自己寬廣豁達的胸懷，形成正確的思維方式，提高自身的控制能力。要知道，生氣是拿別人的錯誤懲罰自己，待人寬容大度同樣是在善待自己。

4、冷靜理智地加以控制

如果把情緒比作肆虐的「洪水」，那麼理智就是一道固若金湯的「閘門」。一旦出現不良情緒，朋友們應啟動這道「閘門」，控制住來勢洶洶的「情緒洪水」。

建議朋友們可以把那些「期望達到的效果」和「害怕承擔的後果」都寫在紙上，並且按照程度依次排列下來，然後，從程度最輕的開始，面對「害怕承擔的後果」，對自己進行心理暗示，比如「就算這樣，天也不會塌下來」；面對「期望達到的效果」，則勸誡自己「就算達不到，現在這樣也不錯」。

當我們因為一時衝動，而打算對他人出言不遜甚至拳腳相向時，一定要用理智警告自己：「我的惡言可能會成為一把匕首，誤傷他人；我的拳腳，可能會令我失去一份真正的友誼。」這樣一來，理智的閘門一定能止住情緒的洪水。

5、分解煩惱，各個擊破

有些朋友經常會莫名地煩躁，當被問及為何煩惱時，又總是籠統地回答說有很多原因。這種情況下，最好的方法是靜下心來將自己的煩惱一一分解，然後再針對每一個具體的煩惱分別解決，切忌將這個煩惱和其他的煩惱連繫起來，否則煩惱會像滾雪球一樣越滾越大。

【掩卷深思】

英國詩人約翰．彌爾頓曾說過這樣一句話：「一個人如果能夠控制自己的激情、煩惱和恐懼，那他就勝過國王。」是的，一個懂得調整掌控自我情緒的人，不管是在生活中還是工作上，都會比那些容易情緒失控的人做得更好。需要注意的是，掌控情緒是一件很複雜的工程，不僅僅只是關係到人的自制力，更重要的是需要我們用智慧去融會貫通，只有這樣，才能眞正完善性格。

國家圖書館出版品預行編目資料

我為自己代言：把自己經營成好品牌，活出自己想要的樣子 / 王嘉義著.
--第一版--臺北市：字阿文化出版；
紅螞蟻圖書發行，2018.7
面 ； 公分--（Wisdom Books；19）
ISBN 978-986-456-303-6（平裝）

1.職場成功法 2.自我實現

494.35 107009815

Wisdom Books 19

我為自己代言

把自己經營成好品牌，活出自己想要的樣子

作　　者／王嘉義
發 行 人／賴秀珍
總 編 輯／何南輝
責任編輯／韓顯赫
美術構成／Chris' office
封面設計／鄭年亨
出　　版／字阿文化出版有限公司
發　　行／紅螞蟻圖書有限公司
地　　址／台北市內湖區舊宗路二段121巷19號（紅螞蟻資訊大樓）
網　　站／www.e-redant.com
郵撥帳號／1604621-1 紅螞蟻圖書有限公司
電　　話／(02)2795-3656（代表號）
傳　　真／(02)2795-4100
登 記 證／局版北市業字第1446號
法律顧問／許晏賓律師
印 刷 廠／卡樂彩色製版印刷有限公司
出版日期／2018年 7 月 第一版第一刷

定價 300 元 港幣 100 元

ISBN 978-986-456-303-6 Printed in Taiwan